한눈에 알아보는 우리 생물 3

화살표 **새**

도감

한눈에 알아보는 우리 생물 3

화살표 새 도감

펴낸날 초판 1쇄 2016년 12월 12일
          초판 4쇄 2023년 12월 29일

글·사진 최순규

펴낸이 조영권
만든이 노인향
꾸민이 정미영

펴낸곳 자연과생태
등록   2007년 11월 2일(제2022-000115호)
주소   경기도 파주시 광인사길 91, 2층
전화   031-955-1607 **팩스** 0503-8379-2657
이메일 econature@naver.com
블로그 blog.naver.com/econature

ISBN: 978-89-97429-71-4 93490

한눈에 알아보는 우리 생물 3

화살표 새 도감

글·사진 **최순규**

자연과생태

모든 생명은 자연 환경에 적응하지 않으면 생존할 수 없습니다. 그만큼 자연을 많이 알고 자연에 친숙해져야 오랫동안 살아남을 수 있습니다. 사람도 마찬가지입니다. 어른이 되면서 자연에 대한 호기심이 줄어드는 듯 보여도, 취미나 레저 활동을 통해 본성을 이어가기 마련입니다.

요즘은 야외에서 시간을 보낼 기회와 방법이 늘고 있습니다. 디지털 카메라나 쌍안경처럼 자연에 접근하는 것을 돕는 도구도 발달하고, 관심사가 같은 이들이 모여 의견을 나누는 커뮤니티도 많습니다. 더불어 환경에 관심 갖는 사람도 늘었고, 자연스럽게 새를 관찰하는 사람도 많아졌습니다.

요즘 탐조가들은 취미활동 수준을 넘어 새 관찰에 전문가 못지않은 관심과 열정을 기울이고, 더욱 자세한 정보를 원하는 경우가 많습니다. 하지만 누구나 첫발을 내딛는 순간과 경험을 쌓는 기간이 필요하겠지요. 새 관찰을 시작하는 분들은 가장 먼저 500종이 넘는 우리나라 새를 구별하는 어려움을 겪게 됩니다. 도감이나 인터넷 정보가 많지만 전문용어와 분류학적 기준으로 설명되어 있어 이해하기 어렵고 어디서부터 접근해야 할지 난감할 때가 많습니다. 게다가 같은 종이어도 암수와 나이에 따라 생김새가 다르니 더욱 혼란스럽습니다.

이 책은 제가 새를 보면서 느꼈던 각 종의 특징과 여러 참고 자료에서 언급한 고유 특징을 토대로 정리했으며, 야외에서 만난 새의 이름을 쉽고 빠르게 찾을 수 있도록 구성했습니다. 먼저 서식지나 새를 본 장소에 따라서 물새와 산새로 구분하고, 다음으로 새의 습성이나 생김새, 크기를 기준으로 묶어 찾는 범위를 좁혀 가도록 했습니다. 특히 어려운 용어를 몰라도 한눈에 종의 특징을 알아보도록 화살표로 동정 포인트를 짚어 설명했습니다. 이 책이 처음으로 새를 관찰하는 분들께 친절하고 든든한 벗이 되길 바라며, 더욱 깊이 있는 탐조활동으로 발전하는 데도 디딤돌이 되길 바랍니다.

끝으로 고마운 분들께 인사를 전합니다. 제가 새에 대한 안목을 넓히고, 전문성과 사랑의 깊이를 더할 수 있도록 이끌어 주신 故 김수일 교수님 고맙습니다. 누구보다 새를 사랑하고 새와 더불어 사는 세상을 꿈꾸셨던 마음을 이어가겠습니다. 아울러 소중한 사진을 제공해 주신 박헌우 님과 최철순 님, 책을 멋지게 꾸며 주신 <자연과생태> 편집부에 감사의 마음을 전합니다.

2016년 12월

최순규

일러두기

- 우리나라에서 볼 수 있는 새 357종을 수록하고 그중 대표적인 241종을 선별해 생 김새 특징을 화살표로 짚어 설명했습니다.

- 본문을 크게 물새와 산새로 나눴으며, 새를 처음 관찰하는 분들이 쉽게 종을 찾도 록 생김새가 비슷한 종을 29개 무리로 모둠 지었습니다. 물새는 관찰되는 환경에 따라 물 위에서 주로 보이는 새와 물 주변에서 주로 보이는 새로 구분했습니다. 산 새는 비둘기와 참새를 기준으로 크기에 따라 구분했습니다. 각 무리 안에서는 생태 특성, 크기 또는 분류학적 기준 순서로 나열했습니다.

  물새 - 물 위에서 생활하는 새(다섯 무리)
    - 물가에서 생활하는 새(여섯 무리)

  산새 - 비둘기보다 큰 새(다섯 무리)
    - 비둘기와 크기가 비슷하거나 참새보다 뚜렷하게 큰 새(일곱 무리)
    - 참새와 크기가 비슷하거나 작은 새(여섯 무리)

- 책 앞쪽에 29개 무리의 습성과 특징을 설명했습니다. 각 무리의 독특한 특징과 진화 과정 등을 이해하는 데 도움이 되니 꼭 읽어 보길 권합니다.

- 낯선 새를 만났을 때 책 앞쪽의 '물새 찾아가기' 및 '산새 찾아가기' 코너를 활용하 면 편합니다. 물새는 관찰 환경과 습성으로, 산새는 크기를 가늠해 찾아가는 방식 입니다.

- 각 종 설명의 '크기'는 새를 눕혀 놓았을 때 부리 끝에서 꼬리 끝까지의 길이를 나 타냅니다. 다리가 꼬리보다 길더라도 다리 길이는 제외했습니다. 일부 종은 암컷과 수컷의 크기가 달라 '크기'의 범위가 큰 경우도 있습니다.

- 각 종 설명의 '보이는 때'는 가장 빈번하게 보이는 시기를 나타냈습니다. 일부 종은 이 기간을 벗어난 시기에도 보일 수 있습니다.

- 각 종의 한글 이름은 한국조류학회의 <한국조류목록>(2009)을 따랐고 분류체계 는 International Ornithologists' Union의 <IOC World Birds List version 4.1> 을 기초로 작성했습니다.

물새 찾아가기

• 물 위에서 생활하는 새(수상조류)

물 위에 떠 있을 때 꼬리가 물에 잠겨 보이지 않으며, 잠수한다.

잠수해 먹이를 잡으며, 부리가 가늘고 뾰족하다.

몸이 긴 편이고 꼬리 쪽이 물에 많이 잠겨 있다.	아비과	78~79
목이 짧고 몸이 둥글다.	논병아리과	80~82
목을 길고 꼿꼿하게 빼고 있다.	가마우지과	83

잠수해 먹이를 잡으며, 목이 비교적 짧고 부리가 넓적한 편이다.

부리가 넓적하다.	기러기과 (잠수성 오리 종류)	84~88
부리가 가늘고 머리에 댕기깃이 있다.	기러기과 (비오리 종류)	89~91

물 위에 있을 때 꼬리가 보이며, 잠수하지 않는다.

비교적 덩치가 크고 목이 가늘고 긴 편이며, 땅에서 먹이를 찾기도 한다.

깃털 전체가 흰색이다.	기러기과 (고니 종류)	92
깃털 색이 대부분 갈색이다.	기러기과 (기러기 종류)	93~96
목이 짧다. 부리는 짧고 넓적하며 몸은 둥글다.	기러기과 (수면성 오리 종류)	97 ~106
몸에 비해 머리가 크고 주로 해안이나 하구에서 흰색으로 보인다.	갈매기과 (재갈매기 종류)	107 ~115
날 때 날개가 뾰족하고 꼬리는 제비꼬리 모양이다.	갈매기과 (제비갈매기 종류)	116

• 물가에서 생활하는 새(수변조류)

깃털이 대부분 흰색이고 목과 다리는 가늘고 길며, 물에서 먹이를 찾는다.

목이 길지만 쉴 때 몸과 겹쳐 보인다.	백로과 (해오라기 종류)	118 ~120
몸 대부분이 흰색이다.	백로과 (백로 종류)	121 ~126
부리 끝이 주걱처럼 생겼다.	저어새과	127 ~128

머리가 몸에 비해 작고 다리와 부리는 가늘며 주로 갯벌과 습지에서 보인다.

먹이를 먹을 때 달려가다 멈춰서기를 반복한다. 부리가 짧다.	물떼새과	129 ~135
먹이를 먹을 때 달려가다 멈춰서기를 반복한다. 부리가 길다.	검은머리물떼새과 장다리물떼새과	136 ~137
부리 길이가 머리 길이보다 짧거나 같다.	도요새과 (좀도요~꼬까도요)	138 ~140
부리 길이가 머리 길이와 비슷하거나 조금 더 길다.	도요새과(붉은 어깨도요~민물도요)	141 ~150
부리 길이가 머리 길이보다 뚜렷하게 길고 간혹 위로 휘었다.	도요새과(학도요~ 큰뒷부리도요)	151 ~157
부리 길이가 머리 길이보다 2배 이상 길고 아래로 휘었다.	도요새과 (마도요 종류)	158 ~161
부리가 매우 길고 몸은 둥글다.	도요새과(깍도요)	162

덩치가 매우 크고 목이 가늘고 길며, 꼬리 부분 깃털이 풍성하다.

부리가 매우 크고 다리는 붉은색이다.	황새과	163
주로 겨울에 마른 논에서 보인다.	두루미과	164 ~166

몸이 둥글고 목이 짧으며, 땅 위를 빠르게 걷거나 물에서 헤엄친다.	뜸부기과	167 ~171
부리가 매우 크고 앉을 때 몸을 곧추세운다.	물총새과	172 ~174
몸이 둥글고 꼬리를 치켜세우며, 맑은 하천에서 주로 보인다.	물까마귀과	175
주로 물가에서 보이며 몸은 가늘고 긴 편이고, 꼬리를 까딱거린다.	할미새과	176 ~185
깃털에 갈색 무늬가 있고 논, 물기가 많은 풀밭이나 밭에서 빠르게 걸으며 먹이를 찾는다.	종다리과	186

• 비둘기보다 큰 새

몸이 크다. 머리에 비해 부리가 크며 날카롭고 아래로 휘었다. 날 때 날개 끝이 손가락 모양으로 갈라진다.	물수리과 수리과	188 ~201
부리는 작지만 날카롭고 아래로 휘었다. 날 때 날개 끝이 뾰족하다.	매과	202 ~206
머리와 눈이 매우 크고 대부분 야행성이다.	올빼미과	207 ~212
몸이 둥글고 통통하며 주로 땅에서 활동한다.	꿩과	213 ~215
깃털 전체가 검은색이고 부리가 크다.	까마귀과	216 ~219
꼬리가 긴 편이고 깃털 색이 검거나 희며, 날개가 크다.	까마귀과 (까치 종류)	220 ~222

• 비둘기와 크기가 비슷하거나 참새보다 뚜렷하게 큰 새

머리가 작고 몸이 통통하며 다리가 짧다.	비둘기과	226 ~228
꼬리가 크고 긴 편이며 울음소리가 특이하다.	두견이과	229 ~231
나무에 수직으로 매달려 먹이를 찾고 머리에 대부분 붉은 부분이 있다.	딱다구리과	232 ~236
깃털은 회색이며 머리가 크고 꼿꼿하게 앉는다. 주로 주거지 주변에서 보인다.	직박구리과	237
어둡고 습기가 많은 숲에서 보이고, 매우 아름답게 지저귄다.	지빠귀과	239 ~243
머리가 납작하고 부리는 곧고 뾰족하며 큰 무리를 이룬다.	찌르레기과	244 ~247
머리는 크고 둥글며 수직으로 앉고, 꼬리를 자주 움직인다.	때까치과	248 ~251
머리는 크고 깃털은 광택이 나는 파란색이다.	파랑새과	252

• 참새와 크기가 비슷하거나 작은 새

무리별 특징 알아보기

물새

물 위에서 생활하는 새(수상조류)

물가에서 생활하는 새(수변조류)

산새

비둘기보다 큰 새

비둘기와 크기가 비슷하거나 참새보다 뚜렷하게 큰 새

참새와 크기가 비슷하거나 작은 새

무리별
특징
알아보기

아비, 논병아리, 가마우지 무리

p.78~83

물 위에 떠 있을 때 꼬리가 잠겨 보이지 않는다. 잠수해 먹이를 잡으며, 부리가 가늘고 뾰족하다.

우리나라에서는 아비과 4종, 논병아리과 5종, 가마우지과 4종이 보인다. 아비 종류 중에서 큰회색머리아비와 아비는 겨울에 동해안과 남해안에서 쉽게 볼 수 있으나, 회색머리아비와 흰부리아비는 그보다 드물다. 논병아리 종류 중에서는 크기가 작은 논병아리가 가장 많이 보인다. 뿔논병아리와 검은목논병아리는 겨울에 많고, 귀뿔논병아리는 동해안에서 드물게 나타난다. 가마우지 종류 중에서 민물가마우지는 전국에서 볼 수 있고, 가마우지와 쇠가마우지는 바닷가에서 드물게 보인다. 붉은뺨가마우지는 북한에서 번식하는 것으로 알려졌으며, 남한에서는 관찰기록이 없다.

대부분 몸이 유선형이고 머리는 작으며, 큰 물갈퀴가 있거나 발이 물갈퀴 모양이어서 잠수하고 헤엄치기에 적합하다. 하지만 덩치에 비해 날개가 작아 잘 날지 않는다. 번식깃과 비번식깃이 다르며 암수 깃털에 차이가 없어 암수 구별이 어렵다. 물 위에 앉았을 때에는 꼬리깃이 물에 잠겨 잘 보이지 않는다. 아비 종류는 목이 굵고 부리는 뾰족하며, 논병아리 종류는 몸이 둥글고 물갈퀴 대신 나뭇잎 모양 같은 판족이 있다. 가마우지 종류는 목이 가늘고 길며, 부리 끝이 갈고리처럼 휘었다.

아비 종류는 겨울철새로 주로 해안에서 물고기나 갑각류를 먹으며 땅에 거의 올라오지 않는다. 논병아리 종류는 대부분 겨울철새이나 일부 지역에서는 여름에도 논병아리와 뿔논병아리가 보인다. 가마우지 종류는 몸 대부분을 물에 잠근 채 사냥하고 물속 깊이 잠수하는 데 편리하고자 깃털의 방수 기능이 거의 없다. 그래서 잠수하고 나면 날개를 펴 깃털을 말려야 한다. 이들 세 무리는 무척 큰 집단을 이뤄 겨울을 나기도 한다.

아비 종류와 논병아리 종류는 수생식물이 많고 물 흐름이 느린 습지에서 물풀로 둥지를 만들고 번식하는데, 대부분 우리나라보다 북쪽 지역에서 번식한다. 가마우지 종류는 4~7월에 무인도와 해안 절벽, 나무 위에 무리 지어 둥지를 만들고 번식한다.

이들 무리는 주로 겨울에 해안, 항구, 저수지, 하구 등에서 물고기를 사냥하기 때문에 겨울에 관찰하는 것이 좋다. 그러나 논병아리, 뿔논병아리, 민물가마우지는 번식하기도 하므로 여름에도 볼 수 있다. 논병아리는 내륙 저수지와 하천에서, 민물가마우지는 한강 수계와 해안에서 만나기 쉽다. 나머지 겨울철새로 기록된 종은 동해안과 남해안의 주요 습지에서 보인다.

논병아리 종류의 어미는 새끼가 부화하면 자신의 부드러운 깃털을 새끼에게 먹인다. 새끼가 먹은 물고기의 가시와 깃털이 뭉쳐 가시가 내장을 찌르지 않고 나중에 쉽게 토해 낼 수 있도록 하려는 것이다. 논병아리 종류는 잠수에 편리하도록 깃털의 공기량을 자유롭게 조절해 몸의 비중을 달리할 수 있다. 그래서 물에 떠 있을 때 몸통이 물 밖으로 드러나는 정도를 조절할 수 있다. 한편, 가마우지 종류는 물갈퀴가 3장으로 오리 종류보다 하나 더 많다.

가마우지 종류의 평균 수명은 11년이고 최대 23.5년을 산 기록이 있다. 아비 종류의 평균 수명은 잘 알려지지 않았지만 23.5년을 산 기록이 있다. 논병아리 종류의 경우 작은 종은 6년, 큰 종은 20년 정도로 알려졌다.

가마우지. 깃털의 방수력이 낮아서 잠수한 뒤에는 젖은 깃털을 말려야 한다.

쇠가마우지. 가마우지 종류의 물갈퀴는 오리 종류보다 하나 더 많은 3장이다.

민물가마우지. 가마우지 종류는 해안 절벽이나 내륙 물가 나무에서 무리 지어 번식한다.

민물가마우지. 겨울을 지내기 위해 큰 무리를 이뤄 먹이를 사냥하기도 한다.

뿔논병아리. 화려한 번식깃으로 치장한 암수가 구애춤을 춘다.

뿔논병아리 둥지. 논병아리 종류는 수초가 많은 곳에 물에 뜨는 둥지를 만들고 새끼를 키운다.

논병아리 둥지. 천적이 나타나면 둥지의 알을 수초로 덮고 자리를 피하는 습성이 있다.

회색머리아비. 큰회색머리아비와 비슷하지만 목과 멱 경계에 검은 줄이 있다.

논병아리. 논병아리 종류는 부화 직후부터 어미가 새끼를 등에 업고 다닌다.

귀뿔논병아리. 머리의 검은색과 흰색의 경계가 뚜렷하고 부리 끝이 흰색이다.

잠수성 오리, 비오리 무리

p.84~91

물 위에 떠 있을 때 꼬리가 잠겨 보이지 않는다. 잠수해 먹이를 잡으며, 목이 비교적
짧고 부리가 넓적하다.

우리나라에는 잠수성 오리 18종, 비오리 종류 4종이 있다. 잠수성 오리와 비오리 종류는
물에서 먹이를 찾기 때문에 겨울에도 얼지 않는 전국의 하천, 저수지, 해안에서 보인다.

잠수성 오리는 잠수에 편리하도록 다리가 몸 뒤쪽에 있으며, 날개는 작고 펼쳤을 때 뾰족
하게 보인다. 날개가 작기 때문에 물 위를 달리면서 날아오르기도 한다. 물 위에 떠 있을 때
는 꼬리가 물에 잠긴 경우가 많고 등은 둥근 편이다. 비오리 종류는 오리과에 속하지만 목이
다소 길며, 부리는 가늘고 뾰족하다. 몸이 날씬한 편이며 뒤통수의 깃털이 부풀어 있다. 수컷
에게는 광택 도는 머리깃이 있으며, 암컷은 대부분 짙은 갈색이고 배 쪽은 색이 밝다. 물 위
에 떠 있을 때 꼬리가 물에 잠기고 몸이 길어 보인다. 비오리 종류의 부리 끝은 아래로 굽었
고, 부리 가장자리의 톱니가 안쪽을 향해 돋아서 한번 잡힌 물고기는 빠져나가지 못한다.

이 무리의 종은 비오리를 제외한 나머지가 모두 겨울철새로 10월부터 이듬해 3월 말까지
보인다. 잠수성 오리는 주로 동물성 먹이를 좋아하고 습지의 초지에서 번식한다. 비오리 종
류는 식물성 먹이는 먹지 않고 물고기나 양서류 같은 동물성 먹이를 먹고 하천이나 습지 주
변 계곡의 나무 구멍이나 절벽에서 번식한다. 비오리 종류의 새끼는 부화하자마자 어미의 소
리를 듣고 높은 나무 위나 절벽에서 용감하게 뛰어내려 바로 어미를 따라다닌다.

잠수성 오리와 비오리 종류는 주로 얼지 않는 여울이 발달한 하천과 해안이나 하구에서
볼 수 있다. 우리나라 철새도래지 대부분에서 쉽게 볼 수 있고, 동해안의 항구나 방파제 안쪽
에서도 자주 보인다.

비오리 종류는 무리 지어 사냥한다. 간혹 비오리가 물고기를 물가로 몰면 기다리던 백로
가 물고기를 잡는 협동 사냥을 하기도 한다.

이들 무리와 습성이 비슷한 바다오리 종류는 주로 우리나라 겨울철 바다에서 볼 수 있다.
드물게 항구에서도 보이지만 주로 먼 바다에 가야만 볼 수 있다. 호사비오리는 전 세계에
5,000마리 정도 남은 국제적 멸종위기종으로 우리나라에서도 환경부 지정 멸종위기야생생
물Ⅱ급으로 지정, 보호한다.

오리 종류의 수명은 15~30년이고 비오리 종류는 15년 정도로 알려졌다.

꼬마오리. 북아메리카가 주요 서식지이지만 속초에서 관찰되었다.

호사비오리. 몸 옆의 비늘무늬와 긴 댕기깃이 특징이며, 국제적 멸종위기종이다.

붉은부리흰죽지. 매년 1, 2개체가 흰죽지 무리에 섞여 나타나는 보기 드문 종이다.

바다쇠오리. 겨울철새이며, 동해안 항구나 먼 바다에서 관찰된다.

알락쇠오리. 겨울철새이며, 어깨깃과 눈테가 흰색이다.

검둥오리. 동해안 먼 바다에서 무리 지어 월동한다.

바다오리 번식깃. 번식기가 되면 머리와 몸 윗면이 검은색으로 변한다.

바다오리 비번식깃. 겨울철새이며, 계절에 관계없이 부리 전체가 검은 것이 특징인 바다새이다.

큰부리바다오리. 바다오리와 비슷하지만 부리 기부에 흰색 가로줄이 있다.

기러기, 고니 무리

물 위에 떠 있을 때 꼬리가 보이며, 잠수하지 않는다. 비교적 덩치가 크고, 목이 가늘고 길다.

우리나라에서 오리과에 속하는 새는 53종이 보이고 기러기 종류 11종, 고니 종류 3종, 혹부리오리 종류 3종, 수면성 오리 종류 14종, 잠수성 오리 종류 18종, 비오리 종류 4종으로 구분하기도 한다. 여기에서는 오리과에 속하는 새들 중에서 잠수하지 못하고 목이 길며, 비교적 덩치가 큰 기러기, 고니, 혹부리오리 종류를 묶었다.

기러기 종류는 생김새로는 암컷과 수컷 구분이 안 되고 오리에 비해 땅에서 보내는 시간이 많다. 날 때는 날개를 느리게 움직이고 V 자 모양 편대를 이루어 에너지 소모를 줄인다. 고니 종류는 날 수 있는 새 중에서 몸무게가 가장 무겁다. 그래서 한 번에 날아오르지 못하고 수면을 달리면서 날아오른다. 목이 가늘고 길며, 어른새 깃털은 흰색이고 어린새 깃털은 회색이다. 기러기, 고니 무리는 대부분 가족단위로 이동하지만 먹이를 먹고 월동할 때는 대규모 무리를 형성하기도 한다.

기러기와 고니 종류는 겨울철새로 10월경부터 보이기 시작해 겨울을 지내고 이듬해 3월경이면 북쪽 번식지로 떠난다. 부화한 새끼들은 바로 둥지를 떠나 어미를 따라다니면서 자라고, 날 수 있는 어린새들은 부모와 함께 월동지로 이동하면서 경로를 익힌다. 논, 갯벌, 하구, 하천, 습지 등에서 식물성 먹이를 주로 먹는다. 기러기 종류는 낮과 밤에 먹이터와 잠자리를 이동하는 일정한 패턴을 보이기도 한다.

기러기와 고니 종류는 우리나라 유명한 철새도래지인 강화도, 철원평야, 한강하구, 남한강, 시화호, 아산만 방조제, 천수만, 금강 주변, 영암호 등에서 겨울에 볼 수 있다. 이런 도래지에는 넓은 농경지가 있고 주변에 저수지나 호수가 있는 것이 특징이다. 하천인 경우에는 얼지 않고 먹이를 찾을 수 있는 하구나 여울이 있는 댐 하류에서 보인다.

사람들은 덩치가 큰 야생 기러기 종류를 약 4,000년 전부터 사육하기 시작했다. 거위의 경우 아시아에서는 개리를 개량한 것이고 유럽에서는 회색기러기에서 여러 품종을 만들었다. 혹고니는 천연기념물 201-3호이자 멸종위기야생생물 I 급, 큰고니는 천연기념물 201-2호이자 멸종위기야생생물 II 급, 고니는 천연기념물 201-1호이자 멸종위기야생생물 II 급, 개리는 천연기념물 325-1호이자 멸종위기야생생물 II 급, 흑기러기는 천연기념물 325-2호이자 멸종위기야생생물 II 급, 큰기러기는 멸종위기야생생물 II 급으로 보호하고 있다.

고니, 기러기 종류의 수명은 25년 정도로 알려졌고 흑고니는 사육 상태에서 70년까지도 살았으며, 쇠기러기는 사육 상태에서 47년을 산 기록이 있다.

큰고니. 몸이 무거워 물 위를 달리면서 날아오른다.

고니. 큰고니에 비해 부리의 노란색 부분이 좁다.

큰기러기. V 자 대형을 만들어 날면 앞선 개체가 만들어 내는 기류를 뒤에 따르는 개체가 이용할 수 있으므로 에너지를 절약할 수 있다.

황오리. 논에서 무리 지어 먹이를 먹고 있다. 목에 검은 띠가 있는 것이 수컷이다.

흑고니. 큰고니와 비슷하지만 부리가 짙은 주황색이고 검은색 혹이 있다.

흑기러기. 동해안 갯바위가 있는 곳에서 해조류를 주로 먹는다.

개리. 어린새는 부리 기부에 흰 줄이 없다.

수면성 오리 무리

p.97~106

물 위에 떠 있을 때 꼬리가 보이며, 잠수하지 않는다. 몸이 둥글고 목이 짧다. 부리는 짧고 넓적하다.

우리나라에서는 14종이 보인다. 몇 종을 제외하고는 모두 겨울철새로 도래하며 큰 무리를 형성한다. 전국의 간척지, 호수, 하천, 갯벌 등에서 어렵지 않게 볼 수 있다. 가창오리는 전 세계 개체수의 80% 이상인 약 80만 마리가 우리나라 천수만, 금강호, 영암호, 삽교호 등을 오가며 무리 지어 겨울을 난다.

수면성 오리 무리는 기러기, 고니 무리에 비해 목이 짧으며 부리는 작고 넓적하다. 몸 가운데에 다리가 있고 물 위에 떠 있을 때 꼬리가 물속에 잠기지 않는다. 수심이 낮은 물가나 농경지에서 먹이를 찾으며, 몸이 가벼워 제자리에서 바로 날아오를 수 있다. 암수의 깃털이 다르지만 번식 후 수컷은 암컷과 비슷한 변환깃을 띠는 기간이 있다. 수컷의 깃털은 종에 따라 매우 화려하고 광택이 나며, 이것은 번식기에 암컷의 선택을 받기 위한 것으로 생존과는 무관하다. 따라서 수컷의 깃털은 종마다 다르지만 암컷의 깃털은 서로 비슷하게 보여서 종을 구별하기 어려운 경우가 많다.

북쪽 지역에서 번식하고 9월 말에서 10월 초가 되면 겨울을 나려고 우리나라를 찾아오기 시작해 이듬해 3월 말까지 보인다. 수면성 오리 종류는 잠수하는 일이 거의 없으며 번식기를 제외하고는 무리 지어 수면과 농경지 등에서 먹이를 찾는다. 4월부터 번식하기 시작하고 물가 수생식물 군락에 은밀하게 둥지를 만들고 알을 8~10개 낳는다. 부화한 새끼는 24시간 이내에 둥지를 떠나 물로 나간다. 드물게 원앙처럼 숲 속이나 마을 근처의 오래된 나무 구멍에서 번식하는 종도 있다.

이들은 잠수를 잘하지 못해서 엉덩이를 들어 머리를 물속에 처박고 먹이를 찾기도 한다. 넓적부리의 부리는 물속의 플랑크톤이나 유기물을 걸러 먹기 좋게 주걱처럼 생겼다. 이들은 여럿이 머리를 물에 넣고 원을 그리며 발을 움직여서 물에 가라앉은 유기물을 떠오르게 해 먹는 독특한 행동을 한다. 집오리는 청둥오리를 길들여 가금화한 것으로 오늘날 50여 품종에 이른다. 또한 오리과 새는 태어나면서 처음으로 만나는 움직이는 물체를 어미로 인식하는 각인 특성이 있어서 물건, 사람, 다른 동물까지 가리지 않고 각인된 것을 따라다닌다. 원앙은 천연기념물 327호이다.

오리 종류의 수명은 20년 정도이고 사육 상태에서는 30년까지 산 경우도 있다.

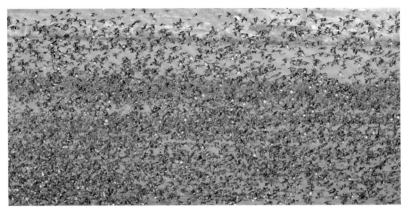

가창오리. 마치 벌레 떼처럼 많은 개체가 모여 우리나라에서 겨울을 난다.

넓적부리. 여럿이 원을 그리면서 가라앉은 유기물을 떠오르게 해 먹이를 먹는다.

고방오리. 수면성 오리 종류는 잠수하지 못하므로 물구나무서듯 물속에 머리를 박고 먹이를 먹기도 한다.

원앙. 오리과 새 대부분은 습지 주변 풀숲에서 번식하지만 원앙은 나무 구멍에서 번식한다.

흰뺨검둥오리. 오리과 새는 부화 후 바로 둥지를 떠나 어미를 따라다닌다.

아메리카홍머리오리. 주로 북미에서 관찰되지만 홍머리오리를 따라와 우리나라에서도 보인다.

갈매기 무리

p.107~116

물 위에 떠 있을 때 꼬리가 보이며, 잠수하지 않는다. 몸에 비해 머리가 크고 주로 흰색이다. 대부분 바닷가에서 보인다.

갈매기 종류와 제비갈매기 종류가 속하며 우리나라에서는 32종이 보인다. 주로 해안에서 보이지만 하천을 따라 내륙에 나타나기도 하며, 대부분 집단으로 생활한다. 주요 번식지는 호수, 습지, 섬 지역이며, 괭이갈매기를 제외한 나머지는 철새 또는 나그네새다.

대체로 몸 윗면은 회색이고 아랫면은 흰색이다. 부리는 튼튼하고 끝이 휘었으며, 날개는 가늘고 길며 뾰족하다. 갈매기 종류의 날개 끝은 대부분 검은색이어서 앉아 있을 때 검은색 꼬리처럼 보인다. 제비갈매기 종류의 꼬리는 갈매기 종류와 달리 양 끝이 뾰족한 제비꼬리 모양이다. 암컷과 수컷의 생김새 차이가 없어 구별하기 힘들지만 수컷이 큰 경우가 많다. 번식기와 비번식기에는 머리 색깔이나 줄무늬 등 깃털 변화가 있다. 갈매기 종류는 어른새가 되는데 2~4년이 걸리기 때문에 나이에 따라 깃털 색깔이 달라 종을 구별하기가 매우 까다롭다.

갈매기 종류는 바다의 작은 동물, 곤충, 배와 항구에서 배출되는 쓰레기 등 다양한 동물성 먹이를 먹으며 특히 물고기를 좋아한다. 덩치가 커서 힘이 세고 활동성이 매우 뛰어나 다른 새나 포유류의 먹이를 빼앗기도 한다. 덩치가 작은 제비갈매기 종류와 달리 땅이나 물에 자주 내려앉아 쉬는 것을 좋아한다. 날 때는 날개를 천천히 펄럭이며 맹금류처럼 활공하기도 한다. 하지만 제비갈매기 종류는 좁고 뾰족한 날개로 빠르게 날면서 급강하해 물이나 땅의 먹이를 낚아채듯 사냥한다. 물갈퀴가 있지만 물보다는 땅에서 쉬는 것을 좋아한다.

번식기에는 천적이 적고 먹이를 구하기 쉬운 무인도나 습지에서 집단번식한다. 천적이 나타나면 모든 어미들이 일제히 날아올라 협동 공격(Mobbing)한다. 이러한 집단행동은 번식에 영향을 주어 무리가 크고 견고할수록 번식 성공률이 높아진다. 갈매기 종류 어미는 새끼에게 반쯤 소화된 먹이를 먹이지만 제비갈매기 종류는 작은 물고기를 그대로 먹인다. 집단번식하기 때문에 둥지가 매우 가까이 있는 경우가 많아 알을 품는 어미새의 날개가 서로 맞닿기도 한다. 번식지에서는 자신의 둥지 근처에 들어온 다른 새끼를 용납하지 않는다. 그래서 둥지에서 이탈한 새끼는 다른 부모에게 쪼여 죽기도 한다.

괭이갈매기는 텃새여서 일 년 내내 관찰 가능하고, 나머지 종류는 대부분 겨울철에 전국 해안에서 볼 수 있다. 그러나 제비갈매기 종류 중에서는 여름철에 번식하는 쇠제비갈매기만 쉽게 볼 수 있고, 나머지는 이동기에 주로 동해안에서 간간이 볼 수 있다. 흔히 갈매기 소리라고 하면

"끼룩, 끼룩" 소리를 떠올리는데 그것은 대부분 겨울철새인 재갈매기 종류가 내는 소리다.

재갈매기 종류는 최근 유전적 연구에 따라 다양한 종으로 분류된다. 하지만 전문가가 아니면 형태 차이를 구별할 수 없고, 월동지에서 다양한 종이 함께 지내다 보면 잡종이 생기는 경우도 많아 알아보기 어렵다. 검은머리갈매기와 고대갈매기는 세계적으로 개체수가 적으며 국내에서는 멸종위기야생생물Ⅱ급으로 보호하고 있다.

재갈매기 종류의 평균 수명은 30년 정도이고 49년까지 산 기록도 있다. 소형 갈매기 종류의 수명은 10~15년이다.

흰갈매기 잡종. 첫째날개깃이 흰색이 아닌 짙은 갈색이다.

검은머리갈매기. 멸종위기종의 생태 정보를 연구하기 위해 위성추적장치를 부착하기도 한다.

수리갈매기. 부리가 크며 몸 윗면과 첫째날개깃이 연한 회색으로 같다.

줄무늬노랑발갈매기. 재갈매기와 비슷하지만 다리가 뚜렷한 노란색이고 뒷목에만 줄무늬가 있다.

옅은재갈매기. 재갈매기와 달리 눈테가 노란색이고 몸 윗면이 재갈매기보다 밝은 회색이다. 목의 줄무늬는 넓게 뭉개진 모양이 많다.

작은재갈매기. 부리가 작고 가늘며, 다리는 짧고 선홍빛이다. 머리는 동그랗고, 재갈매기보다 덩치가 작다.

고대갈매기 번식깃. 세계적으로 개체수가 적고 낙동강 하구, 천수만, 포항, 강릉 등에서 월동하는 희귀한 겨울철새다.

제비갈매기 어린새. 주로 가을철 동해안에서 이동하는 개체가 보인다.

백로, 저어새 무리

p.118~128

물가에서 생활하며 물에서 먹이를 찾는다. 깃털 대부분이 흰색이다. 목과 다리가 가늘고 길다.

우리나라에서는 백로과 18종, 저어새과 4종이 보인다. 대부분 여름철새이지만 우리나라보다 추운 북쪽에서 번식한 무리가 겨울에 내려오기도 한다. 전국의 하천과 저수지, 해안에서 많이 보이지만 저어새는 보호가 시급한 멸종위기종이면서 전 세계 남은 90% 이상이 우리나라에서 번식해 주목 받는다.

백로 종류는 목과 다리가 길어 물가에서 물고기나 양서류 등을 사냥하고, 날 때는 긴 목을 구부려 접는다. 암수 생김새는 차이가 없으며, 계절에 따라서 부리, 눈 앞쪽, 다리 색에 변화가 많다. 번식기가 되면 화려한 장식깃이 자라는 종도 있다. 저어새 종류는 부리가 넓적한 주걱 같고, 번식기가 되면 앞가슴이 노란색으로 변한다. 역시 암수 생김새가 비슷하다.

이들 무리는 주로 물고기를 먹기 때문에 해안, 하천, 저수지, 논 등에서 보이고 물 환경 변화, 농약 사용 여부 등 인위적인 생태계 변화에 민감하다. 백로 종류는 물고기가 지나가기를 기다리다가 다가오면 접고 있던 긴 목을 빠르게 뻗어 뾰족한 부리로 사냥한다. 저어새 종류는 부리를 좌우로 저어 가면서 부리에 들어오는 물고기를 잡아먹는다. 저어새란 이름이 붙은 이유다.

대부분 한 장소에 모여서 집단번식하고 겨울이면 추위를 피하고 먹이를 찾으려고 번식지보다 따뜻한 남쪽으로 이동한다. 우리나라에서 번식하는 백로 종류는 마을 뒷산처럼 높지 않고 주변에 먹이를 구하기 쉬운 논이나 하천이 있는 곳에 모여서 나무 위에 둥지를 만든다. 저어새는 사람이 거의 드나들지 않는 서해안 작은 무인도에서 둥지를 만들고 새끼를 키운다.

백로 종류는 논이나 하천, 해안에서 관찰하기 쉽고 일부 번식지는 천연기념물로 지정, 보호하는 곳도 있다. 저어새는 서해안 갯벌과 하구에서 드물게 관찰되지만, 노랑부리저어새는 겨울철새로 천수만 해미천 일대에서 월동하는 무리가 있으며, 주남저수지, 시화호 같은 철새도래지에서도 간혹 보인다.

저어새 종류는 동종 간 유대관계가 깊어 자신의 목이 가려우면 다른 개체의 목을 먼저 긁어 신호를 보내 서로 목을 긁어 주기도 한다. 저어새는 천연기념물 205-1호이자 멸종위기야생생물 I 급, 노랑부리저어새는 천연기념물 205-2호이자 멸종위기야생생물 II 급이다. 천연기념물 198호인 따오기도 우리나라에서는 멸종되어 복원사업을 하고 있다.

백로 종류의 수명은 15년 정도이고, 22년까지 산 기록이 있으며, 해오라기 종류는 11~15년으로 알려졌다. 저어새 종류의 수명은 20~25년으로 알려졌다.

왜가리. 백로 종류는 여러 마리가 모여서 나무 위에 둥지를 만든다.

저어새. 부리가 커서 자신의 목을 긁지 못하기 때문에 가려운 개체가 먼저 다른 개체의 목을 긁어 주면서 서로의 목을 긁도록 한다.

흰날개해오라기. 주로 봄과 가을 이동기에 드물게 보이고 일부 개체는 번식하는 것이 확인되었다.

저어새. 백로 종류와 달리 저어새 종류는 날 때 목을 곧게 편다.

노랑부리저어새. 부리를 벌리고 가로저으며 사냥한다.

알락해오라기. 겨울철새이며, 갈대와 비슷한 색깔로 위장해 찾기 어렵다.

흑로. 백로 종류 중에서 유일하게 깃털이 흑회색이다. 멀리서 보면 검은색으로 보인다.

노랑부리백로. 번식기에는 부리가 노란색이고 머리에 장식깃이 여러 가닥 있다. 천연기념물 361호, 멸종위기야생생물 I급이다.

도요, 물떼새 무리

p.129~162

몸에 비해 머리가 작고, 다리와 부리는 가늘며, 주로 갯벌과 습지에서 보인다.

우리나라에서는 물떼새과 12종, 도요과 45종, 호사도요과, 검은머리물떼새과 각 1종이 보인다. 이들은 여름에 번식하는 몇몇 종을 제외하고는 대부분 봄과 가을 이동기에 보이는 나그네새다. 우리나라를 경유하는 주요 이동경로가 정해져 있으며, 주로 서해안 갯벌이나 큰 습지에서 볼 수 있다. 강화도, 화성호, 군산, 서천, 낙동강 하구 등의 갯벌에서는 매우 많은 종류와 개체를 만날 수 있다.

도요 종류와 물떼새 종류는 서로 비슷하지만 몇 가지 특징으로 구별한다. 도요 종류의 부리는 가늘고 길며 곧거나 아래로 굽었고, 대개 머리 길이와 같거나 더욱 길기도 하다. 반면에 물떼새 종류는 부리가 곧고 뾰족하며 머리 길이보다 작은 것이 대부분이다. 한편, 도요 종류는 가슴과 배 쪽에 굵은 줄무늬가 없고 세가락도요를 제외하고는 모두 뒷발가락이 있지만, 물떼새 종류는 가슴에 굵은 무늬가 있고 뒷발가락이 퇴화해 발가락이 3개뿐이다. 먹이 먹는 습성에서도 차이를 보인다. 도요 종류는 부리를 갯벌이나 물속에 넣고 머리를 빠르게 움직이며 고개를 들지 않고 계속해서 먹이를 찾는데, 물떼새 종류는 시력이 뛰어나 먹이를 보고 빠르게 달려가 부리로 잡으며, 다시 머리를 쳐들고 멈춰 섰다가 먹이를 찾아 달려가기를 반복한다.

도요와 물떼새 종류의 공통 특징은 꼬리가 대체로 짧고 번식기에 깃털이 화려한 색으로 바뀌며, 비번식기에는 회색이나 연한 갈색으로 바뀌는 것이다. 일부 종은 암수의 깃털이 다르기도 하고 메추라기도요나 목도리도요는 수컷이 암컷보다 뚜렷하게 크다.

이 무리는 일부 종이 남반구의 아프리카, 남미, 호주까지 이동하지만 대부분 종은 북반구에서 서식하고 진화한 것으로 여겨진다. 극지방에 가까운 습지나 툰드라 지대에서 번식하는데 호사도요와 지느러미발도요 같은 종은 일처다부로 암컷이 수컷보다 깃털이 더 화려하고, 알을 품고 새끼 키우는 일을 모두 수컷이 담당한다. 비번식기가 되면 겨울을 나고자 소형 종은 동남아시아나 적도 지역으로 이동하고 중대형 종은 호주, 뉴질랜드까지 이동하기도 한다. 큰뒷부리도요는 도요 종류 중에서 쉬지 않고 비행하는 것으로 유명하다. 8일 동안 먹이나 물을 먹지 않고 잠도 자지 않으며 평균 시속 60㎞로 11,000㎞ 이상을 쉬지 않고 날아서 알래스카에서 뉴질랜드까지 이동한 기록이 있다. 이들에게 이동은 피할 수 없는 본능이지만 최근 환경변화와 기후변화로 인해 겨울에도 우리나라에서 보이는 종이 늘고 있다.

물떼새 종류의 부모는 천적이 알과 새끼를 공격하면 날개를 퍼덕거리며 다친 척을 해 관심을 자기 쪽으로 유도하는 행동을 보인다. 최근 연구에 따르면 넓적부리도요는 생존하는 개체가 약 700개체 미만인 심각한 멸종위기종으로 우리나라에서는 멸종위기야생생물 I 급으로 보호한다. 청다리도요사촌도 1,000개체 미만인 멸종위기야생생물 I 급이고, 호사도요는 천연기념물 449호다. 검은머리물떼새는 천연기념물 326호이자 멸종위기야생생물 II 급이고, 알락꼬리마도요도 멸종위기야생생물 II 급으로 보호한다.

소형 물떼새 종류의 수명은 10년 정도이고 중대형 종은 20년 정도로 알려졌다. 소형 도요 종류의 수명은 10~13년, 중형 종은 25~28년, 중대형 종은 28~35년, 꺅도요 종류는 10년 정도로 알려졌다. 본문에서는 형태적으로 비슷하면서 머리와 비교할 때 상대적으로 부리 길이가 짧은 종 순서로 소개했다.

꼬마물떼새. 암수가 짝짓기 전에 구애행동을 한다.

꼬마물떼새. 거짓으로 다친 척하며 시선을 끌어 알과 새끼를 보호한다.

민댕기물떼새. 몸은 청회색이고 다리와 부리가 노란 것이 특징이다. 봄과 가을에 매우 드물게 보인다.

큰물떼새 번식깃. 시베리아, 몽골 지역에서 번식하고 호주로 이동한다. 국내에서는 매우 드물게 보인다.

제비물떼새. 제비형 꼬리와 부리가 붉은색이고 멱에 검은 띠가 있다. 보기 드문 나그네새다.

넓적부리도요 어린새. 매우 심각한 멸종위기종으로 보존 활동을 하지 않으면 금세기 내에 지구에서 멸종할 수 있다.

흰꼬리좀도요. 좀도요와 비슷하지만 깃털이 전체적으로 회색이고 다리는 노란색이다.

꺅도요 부리. 도요 종류의 부리에는 감각신경이 모여 있어 끝이 딱딱하지 않다.

붉은어깨도요 가락지. 새들의 이동 경로와 생태에 관해 연구하고자 가락지(밴딩)를 단다.

군무. 도요, 물떼새 종류는 봄과 가을 이동기에 큰 무리를 이루고 먹이를 찾거나 쉰다.

청다리도요사촌 번식깃. 심각한 멸종위기종으로 봄과 가을에 소수 개체만 확인된다.

큰지느러미발도요 비번식깃. 부리가 두툼한 편으로 기부에 노란색이 있고 일처다부로 번식기에는 암컷의 깃털이 더 화려하다.

붉은갯도요 번식깃. 봄과 가을에 드물게 보이는 종으로 민물도요보다 부리가 길고 아래로 휘었다.

송곳부리도요 어린새. 흰색 눈썹선과 머리옆선이 있고 부리 끝이 아래로 휘었다.

쇠부리도요. 중부리도요와 비슷하지만 부리가 짧고 건조한 초지나 내륙 습지를 선호한다.

청도요. 겨울철새로 찾아오며, 내륙 하천이나 계곡에서 월동한다.

멧도요. 겨울철새로 찾아오며, 산림이 인접한 하천이나 습지에서 보인다.

황새, 두루미 무리

p.163~166

덩치가 매우 크고, 목이 가늘고 길며, 땅에 있을 때 꼬리 부분 깃털이 풍성하게 보인다.

습지, 논, 하구, 갯벌 등에서 보이며, 우리나라에서는 황새과 2종, 두루미과 7종이 보인다. 모두 겨울철새이며, 황새 종류는 천수만 지역에서 월동하는 개체가 가장 많고, 두루미 종류는 철원, 파주, 강화도, 순천만, 주남저수지 등에서 볼 수 있다.

황새는 예전에 번식했던 기록을 토대로 복원사업을 하고 있다. '학'은 두루미를 일컫는 말이다. 황새 종류는 부리가 길고 두툼한 것이 특징이고, 두루미 종류는 셋째날개깃이 꼬리 장식깃처럼 보이고 어떤 종은 머리의 피부조직이 드러나기도 한다. 이들 무리는 백로 무리와 달리 긴 목과 다리를 펴고 날아간다. 대부분 흰색과 검은색이 많고 암수 생김새의 차이가 없다.

예전에 황새는 우리나라 전역에서 번식하던 텃새였으나 인구 증가와 산업화로 인해 습지가 부족해지면서 절멸했고, 지금은 아무르 강 유역 중국 북동부에서 번식하고 겨울철새로 날아와 천수만, 영암호, 남해안 일대에서 보인다. 최근에는 우리나라와 일본에서 인공증식한 후 방사한 개체들이 여름에 간혹 관찰되기도 한다. 황새는 한 번 짝을 맺으면 평생 함께 지내고 둥지를 매년 보수해 번식한다. 울음소리를 내는 기관이 퇴화해 소리를 낼 수 없으나, 번식기가 되면 목을 뒤로 젖혔다 앞으로 숙이면서 부리를 두드려 둔탁한 소리를 내어 애정을 확인한다. 황새 종류는 큰 나무 위나 절벽에 둥지를 만들고 새끼를 키운다.

두루미 종류는 북반구 전역에서 보이는 종부터 중국 북동부와 북해도 일대에서만 번식하는 종도 있으며, 나무에는 앉지 않고 둥지도 지면에 만들어 번식한다. 수컷의 덩치가 암컷보다 약간 큰 편이고 번식기에는 암컷과 수컷이 독특한 구애춤을 추기도 한다. 대부분 번식 후 가족단위로 이동하고 월동지에서는 큰 무리를 이루기도 한다.

황새, 두루미 무리에 속한 종은 대부분 멸종위기에 처했다. 황새는 천연기념물 198호이자 멸종위기야생물 I 급이고, 먹황새는 천연기념물 200호이자 멸종위기야생물 II 급이다. 두루미는 천연기념물 202호이자 멸종위기야생물 I 급이고, 재두루미는 천연기념물 203호이자 멸종위기야생물 II 급, 흑두루미는 천연기념물 228호이자 멸종위기야생물 II 급이며, 검은목두루미는 천연기념물 451호다.

두루미 종류의 수명은 40~60년이고 황새 종류는 35~45년으로 알려졌다.

두루미. 번식기가 되면 구애춤을 춘다.

황새. 추운 겨울에 체온을 유지하고자 목의 깃털을 부풀려 부리를 따뜻하게 한다.

황새. 복원과정 중 인공 둥지에서 태어난 어린새

먹황새. 예전에는 경북 안동에서 번식하기도 했으나 지금은 겨울철새로 전남 함평과 화순, 경북 영주, 화순 등에서 매우 드물게 보인다.

캐나다두루미. 북아메리카가 주요 서식지로 겨울철에 재두루미 사이에서 아주 드물게 보인다.

쇠재두루미. 몽골에서 번식하고 인도, 중동 지역에서 월동한다. 재두루미 사이에서 몇 번 관찰되었다.

검은목두루미. 깃털은 연한 회색이고 목의 검은색 깃털이 특징이다. 주로 재두루미와 흑두루미 무리에 드물게 섞여 있다.

뜸부기 무리

p.167~171

몸통이 둥글고 목이 짧으며, 땅 위를 빠르게 걷는다. 헤엄을 치는 종들도 있다.

습지, 저수지, 논 등에서 보이며, 뜸부기과 9종이 우리나라 전역에서 분포하지만 조심성이 매우 많아 보기 어렵다. 종마다 독특한 울음소리를 낸다. 날개는 짧고 작은데 몸은 비대해 비행 능력이 약하지만 장거리 이동은 가능하다. 그래서 북극과 남극을 제외하고 전 세계 모든 지역에 분포한다. 진화 초기에 전 세계로 확산되었으며, 태평양 섬 지역에서는 고유종으로 분화되어 커다란 무리를 이루기도 한다. 섬 지역에 적응한 무리는 섬에 천적이 없었기 때문에 날 필요가 없었으며 자연스럽게 나는 기능을 잃게 되었다. 그런데 태평양 전쟁 이후 사람이 출입하면서 쥐, 고양이, 개 등도 함께 유입되었고, 이들은 뜸부기 종류의 생존을 위협하는 천적이 되었다. 그로 인해 최근 한 세기 동안에 15종 이상이 지구에서 사라지기도 했다.

뜸부기 종류의 몸은 위아래로는 둥글지만 좌우로는 납작해 초지나 습지에서 은밀히 이동하기에 적합하다. 머리는 작고 꼬리는 매우 짧으며, 다리는 튼튼하고 긴 편이다. 발가락은 질퍽한 습지나 물풀 위를 걸어 다닐 수 있도록 가늘고 매우 길다. 물갈퀴가 없지만 헤엄도 잘치며 물닭 발가락은 나뭇잎 모양(판족)이다. 대개 깃털은 짙은 흑갈색에서 적갈색이며 옆구리와 꼬리에 얼룩무늬가 있고, 암수의 깃털이 비슷해 구별이 어렵다.

습지, 호수와 같은 물가에서 조심스럽게 행동하고 주로 아침, 저녁, 밤에 활발하다. 연못, 습지, 논 주변의 갈대나 줄 같은 수생식물이 자라는 곳에 비교적 큰 둥지를 만든다. 한배에 알을 6~12개 낳고 암수가 같이 품고 새끼를 키운다. 새끼는 대개 검은색이며, 대부분 부화 후에 어미를 따라 둥지를 떠난다. 번식 환경이 좋으면 한 해에 두 번 이상 번식하기도 하며, 2차 번식할 때는 1차 번식 때 태어난 어린새가 어미와 함께 동생들을 보살피기도 한다.

뜸부기 종류는 습지에서 은밀하게 활동하기 때문에 관찰하기가 어렵다. 하지만 번식기에는 종마다 독특한 울음소리를 내기 때문에 서식 여부를 알 수 있다. 뜸부기는 옛날에는 동요에 나올 정도로 흔했으나 농약 사용과 농경지 개간 등으로 서식지가 줄어들고 월동지인 동남아시에서는 밀렵으로 개체수가 급감해 천연기념물 446호, 멸종위기야생생물 II급으로 지정, 보호하고 있다.

뜸부기 종류의 수명은 10~20년으로 알려졌다.

쇠물닭. 뜸부기 종류는 부화 후 바로 둥지를 떠나 어미를 따라다니면서 먹이를 찾는다.

물닭. 쇠물닭과 물닭은 주로 잠수해 먹이를 찾는다.

물닭의 판족. 발가락 사이에 나뭇잎 모양 돌기(판족)가 있어 헤엄을 잘 친다.

흰배뜸부기. 이마에서 아랫배까지 몸 앞쪽이 흰색이며, 윗부리 기부는 붉은색이다.

한국뜸부기. 매우 드물게 보이는 나그네새로 알려졌으나 최근 번식기 울음소리 및 관찰 기록이 있다.

물꿩. 아열대성이나, 최근 기후변화로 관찰 빈도와 번식이 증가하고 있다. 뜸부기 종류와는 분류학적으로 거리가 있다.

물총새, 물까마귀 무리

p.172~175

물총새 무리는 부리가 매우 크고, 앉을 때 몸을 곧추세운다. 물까마귀는 몸이 둥글고 꼬리를 치켜세운다. 맑은 하천에서 주로 보인다.

산림과 인접한 하천, 계곡 주변에서 보이며 엄밀하게 따지면 물새는 아니지만 먹이 활동과 번식하는 데 있어 물 환경이 매우 중요한 요소다. 우리나라에서는 물총새과 4종, 물까마귀과 1종이 보인다. 물총새과의 뿔호반새는 산업화와 환경변화로 남한에서는 1960년대에 이미 자취를 감췄고, 호반새와 청호반새도 최근에는 보기 드문 여름철새가 되었다. 그나마 물총새는 우리나라 전역에서 보이고 일부는 남부 지역에서 월동하기도 한다. 물까마귀는 주로 맑은 계곡에서 수서동물을 먹기 때문에 하천 개발과 오염이 이들 생존에 직접적인 영향을 주고 있어 계곡 및 하천 생태계의 지표종이라 할 만하다.

물총새 무리는 보통 머리가 매우 크고 목이 짧으며, 부리는 크고 뾰족하다. 꼬리와 다리는 매우 짧지만 나무에도 잘 앉는다. 깃털이 화려하며, 깃털과 부리의 색과 모양으로 암수를 구별할 수 있다. 물까마귀는 몸이 전체적으로 둥글며, 부리는 가늘고 뾰족하다. 다리는 밝은 회색이고 눈을 깜박거릴 때 흰색 눈꺼풀이 뚜렷하게 보인다. 암수 모두 깃털이 짙은 갈색이어서 멀리서 보면 검게 보인다.

물총새 종류는 물가나 계곡에서 물고기, 양서류, 파충류, 작은 포유류 등을 잡아먹는다. 대개 정해진 자리에 앉아 있다가 먹이가 보이면 다이빙하듯이 빠르게 내리꽂는다. 이름도 총알처럼 물로 다이빙하는 모습을 보고 붙인 것이다. 물총새는 날개를 빠르게 움직여 정지비행을 하기도 하며, 수면이나 계곡을 미끄러지듯이 낮게 날아간다. 잡은 먹이는 나무나 돌에 두들겨서 죽인 다음 목에 걸리지 않도록 머리부터 먹는다. 물까마귀는 주로 산림이 발달한 계곡에서 보이며 날개를 펼쳤다 접으면서 꼬리를 까딱거리는 행동을 반복한다. 깃털은 방수가 잘되어 잠수해 날개를 퍼덕이며 헤엄쳐서 물고기나 저서동물을 사냥한다. 소리를 내며 직선으로 빠르게 난다.

물총새 종류 중 호반새는 주로 물가나 산림의 나무 구멍에 알을 낳지만 나머지 종은 흙벽, 절개지 등에 부리로 동굴 같은 구멍을 파고 알을 낳는다. 알은 흰색이며, 굴러 떨어질 염려가 없어 탁구공처럼 둥글다. 흔히 개방된 곳에서 번식하지만 사람 접근에 매우 민감해 둥지와 새끼를 버리는 경우도 있다.

물까마귀는 계곡 절벽의 바위틈, 작은 폭포 뒤의 큰 바위틈 같은 곳에 이끼로 둥글게 둥지를 틀고 매우 작은 입구를 만든다. 둥지 안에 마른 풀이나 낙엽을 깔기도 한다. 새끼는 둥지를 떠나서도 어미를 따라다니며 먹이를 재촉한다. 어미를 따라다니는 새끼는 깃털 끝에 흰색이 있다.

물총새와 물까마귀 무리는 울음소리가 특이해 번식기에는 소리로 개체를 확인할 수 있으나 개체수가 많지 않아 보기 어렵다. 청호반새는 전봇대나 전깃줄에도 앉는다. 물총새 무리는 굴을 파고 번식하기 때문에 새끼들이 먹고 남은 먹이와 배설물로 둥지 주변이 아주 지저분하고 냄새도 심하다.

물총새 종류의 최장 수명은 21년, 물까마귀는 10년으로 알려졌다.

물총새 둥지. 새끼가 부화하면 먹이 찌꺼기와 배설물로 둥지가 항상 지저분하다.

청호반새 둥지. 흙 절벽에 구멍을 파고 번식한다.

정지비행 하는 물총새. 물 위에서 정지비행을 하면서 먹이를 찾기도 한다.

물총새 펠릿. 소화되지 않는 물고기 가시나 비늘을 토해 내기도 한다.

물까마귀 둥지. 계곡 주변 바위 절벽에 이끼로 둥지를 만든다.

물까마귀 잠수. 물속의 작은 물고기나 저서동물을 사냥한다.

할미새, 종다리 무리

p.176~186

몸이 가늘고 긴 편이며, 꼬리를 까딱거리고 빠르게 걸어 다닌다.

일생을 물 환경에 의존해 살지는 않지만 먹이 활동과 번식하는 데 있어 물 환경이 중요한 요소다. 우리나라에서는 할미새과 16종과 종다리과 6종이 보인다. 할미새과는 깃털과 서식지 행동에 따라 크게 할미새 종류와 밭종다리 종류로 구분하기도 한다. 우리나라 전역에서 쉽게 볼 수 있는 작은 새로 주로 하천, 농경지, 간척지, 풀밭을 기어 다니면서 먹이를 찾는다. 텃새로 연중 보이는 종과 이동기나 겨울에 큰 무리를 이루어 나타나는 종이 있다. 비교적 사람을 무서워하지 않고 다양한 환경에 서식하기 때문에 관찰하기 쉽다. 최근 기후변화에 따라 다른 나라에서 관찰되던 종이 우리나라에 나타나는 경우가 많다.

할미새 종류는 몸이 갸름하고 꼬리가 길며, 다리가 몸에 비해 긴 편이다. 밭종다리 종류에는 발가락과 발톱이 매우 긴 종도 있다. 부리는 가늘고 뾰족하며, 깃털은 흰색, 노란색, 갈색, 회색, 검은색 중에서 두 가지 색깔이 조합을 이루는 경우가 많다. 암컷, 수컷, 어린새 모두 깃털 모양과 색깔이 조금씩 다르지만 야외에서 구별하기는 쉽지 않다. 종다리 무리는 머리가 크고 몸은 통통하며 부리는 짧고 두툼하다. 깃털은 전체적으로 갈색에 짙은 흑갈색 줄무늬가 있고 암수 구별이 어렵다. 종다리를 '노고지리'라고도 부른다.

할미새라는 이름은 꼬리를 까딱거려 붙여진 것으로 꼬리를 위아래로 움직이면서 빠르게 걸어 다닌다. 주로 물가, 풀밭, 농경지에서 생활하며 땅 위의 곤충을 잡아먹는다. 날 때는 소리를 내면서 파도 모양처럼 오르락내리락한다. 먹이를 찾다가 위협을 느끼면 행동을 멈추고 목을 빼고 있다가 더 위급해지면 나무 위나 주변의 높은 곳으로 올라가 주위를 살핀다. 이동기에는 큰 무리를 지어 정해진 잠자리에 모여 잠을 자기도 하며, 그 숫자가 100마리를 넘기도 한다. 종다리 무리는 일부 번식하기도 하지만 대부분 종이 겨울철새로 찾아온다.

할미새 종류는 주로 인가, 하천, 숲 가장자리의 돌 틈이나 인공 구멍에 접시 모양 둥지를 만들고 번식한다. 밭종다리 종류는 개활지나 초지에서 번식한다. 이들 무리는 대부분 새끼를 한 번에 4~7마리 키운다. 종다리 종류는 개활지나 초지에서 소규모 무리를 지어 번식한다. 할미새 종류는 하천 주변이나 논에서 어렵지 않게 볼 수 있고, 밭종다리 종류는 이동기와 겨울에 추수가 끝난 물기 많은 논이나 하천 주변에서 자주 보이지만 자세히 살펴야 찾을 수 있다. 종다리 무리는 겨울철 물기 적은 간척지 논이나 밭에서 큰 무리가 보인다.

할미새 종류의 최장 수명은 13년, 종다리 종류는 10년으로 알려졌다.

노랑할미새 둥지. 하천 주변 바위틈에 둥지를 만들고 새끼를 키운다.

노랑머리할미새. 1999년 제주도에서 처음 관찰되었으며, 이후 전국에서 매우 드물게 보인다.

알락할미새 둥지. 천적을 피해서 인가 주변에 둥지를 틀기도 한다.

히말라야알락할미새. 알락할미새 아종으로 중국 서남부, 히말라야에서 번식한다. 우리나라에서는 2회 관찰되었다.

물레새. 할미새 종류의 다른 종들과 달리 꼬리를 좌우로 흔든다.

흰등밭종다리. 붉은가슴밭종다리와 생김새가 비슷하나 셋째날개깃이 첫째날개깃을 덮지 않는다.

검은턱할미새. 백할미새와 생김새가 비슷하나 턱과 가슴까지 검은색이 뚜렷하다.

쇠종다리. 첫째날개깃과 셋째날개깃의 길이가 같으며, 가슴에 가로 줄무늬가 있다.

북방쇠종다리. 첫째날개깃이 셋째날개깃보다 뚜렷하게 길며, 가슴에 세로 줄무늬가 있다.

뿔종다리. 종다리와 달리 머리에 길고 뾰족한 머리깃이 있다.

해변종다리. 국내 관찰기록이 매우 적으며, 머리 옆에 검은색 뿔깃이 있다.

할미새사촌. 할미새와 비슷하게 생겼으며, 주로 이동기에 산림의 나무 위에서 보인다. 분류학적으로 할미새와는 거리가 멀다.

수리 무리

p.188~201

부리가 크며 날카롭고 아래로 휘었으며 덩치가 매우 크다. 날 때 날개깃이 손가락처럼 펼쳐진다.

다른 동물을 사냥해 먹는 육식성으로 우리나라에서는 물수리과 1종과 수리과 27종이 보인다. 주로 겨울을 나려고 우리나라로 찾아오는 경우가 많고 일부 종은 번식하기도 한다. 대부분 활동반경이 넓어 우리나라 전역에서 보이고 물고기를 주로 사냥하는 종은 하구나 습지에서도 보인다. 수리과는 형태와 습성에 따라서 독수리 종류(Vultures), 수리 종류(Eagles), 새매 종류(Hawks), 솔개 종류(Kites), 개구리매 종류(Harriers), 말똥가리 종류(Buzzards)로 세분하기도 한다.

이 무리의 종은 날개가 크고 넓으며 강하고 다리가 튼튼하다. 또한 시력이 매우 발달했고 후각이 뛰어난 종도 있다. 깃털 색깔은 다양하지만 몸 윗면은 주로 갈색과 회색이고 아랫면은 밝으며 줄무늬가 있는 경우가 많다. 몇몇 종을 제외하고 암수 생김새가 비슷하지만 대부분 암컷이 덩치가 크다. 독수리 종류는 주로 활공하면서 죽은 동물을 찾는다. 물수리는 물 위에서 정지비행하기도 하며 물속으로 다이빙하듯이 내리꽂아 물고기를 발톱으로 움켜잡는다. 수리 종류는 먹이에 따라 다양하고 특별한 사냥 방식을 진화시켜 왔다. 먹이를 통째로 또는 찢어서 먹고 소화되지 않는 뼈나 털은 덩어리(펠릿: pellet)로 토해 낸다. 완전한 어른새로 자라는 데 3~5년 이상 걸리기 때문에 어린새는 나이에 따라 깃털 패턴이 다양하다. 새매 종류는 날개가 넓고 짧으며 다리가 길어서 빠르게 비행하며 다양한 사냥기술을 펼친다. 솔개 종류는 시야가 넓은 개활지를 선호하며 먹이를 사냥하거나 사체도 먹는다. 꼬리는 대개 M자 모양으로 가운데가 오목하다. 개구리매 종류는 지면을 스치듯이 비행하면서 먹이를 찾고 암수의 생김새가 다르다. 말똥가리 종류는 수리 종류와 생김새가 비슷하나, 부리가 머리에 비해 작고 날개는 폭이 넓고 둥글다.

우리나라에서 보이는 수리 무리는 대부분 우리나라보다 북쪽에서 여름철에 번식하며, 종에 따라 절벽, 나무 위, 풀밭 등 다양한 장소에 둥지를 만든다. 대부분 종은 한 번에 새끼를 2~4마리 키우며, 먹이가 얼마나 풍부한가에 따라 새끼들의 생존율이 크게 달라진다. 수리 무리 중 우리나라에서 번식이 확인된 종은 흰꼬리수리, 참매, 새매, 벌매, 왕새매, 붉은배새매, 조롱이, 물수리, 솔개, 알락개구리매, 검독수리다.

수리 무리는 겨울철에 간척지, 개활지, 산림과 농경지가 만나는 환경, 하구, 저수지 등에서 비행하거나 주변의 높은 나무와 전신주에 앉아서 쉬는 개체를 볼 수 있다. 또한 이동기에는 많은 수가 상승기류를 타고 범상과 활공을 반복하면서 이동하는 것을 볼 수 있다. 수리 무리 중 활공하는 종은 손가락 모양 날개깃 개수로 종 구별이 가능하다. 사람들은 수리 종류를 예로부터 사냥용으로 길들였으며, 몽골에서는 검독수리를 주로 이용했다. 우리나라에서는 주로 매와 참매를 이용했으며, 참매는 나이에 따라 깃털 형태가 달라 어린 참매를 보라매라고 따로 부르기도 했다.

맹금류 대부분은 개체수가 적고 먹이사슬 최상위 포식자다. 흰꼬리수리, 참수리, 검독수리는 멸종위기야생생물Ⅰ급, 물수리, 벌매, 솔개, 독수리, 잿빛개구리매, 알락개구리매, 붉은배새매, 조롱이, 새매, 참매, 큰말똥가리, 항라머리검독수리, 흰죽지수리 등은 멸종위기야생생물Ⅱ급으로 지정, 보호한다. 그중 흰꼬리수리, 참수리, 독수리, 잿빛개구리매, 알락개구리매, 개구리매, 붉은배새매, 새매, 참매, 검독수리는 천연기념물이다.

사육 상태에서 독수리는 39년, 참수리는 42년, 검독수리는 48년을 살았다. 말똥가리 종류의 최장 수명은 28년, 참매는 22년, 새매는 20년 정도로 알려졌다.

참매 둥지. 참매는 먹이가 풍부한 침엽수림에서 작은 포유류와 새를 사냥하며 번식한다.

붉은배새매 둥지. 농약 사용으로 논과 숲에 개구리와 대형 곤충이 줄어들어 최근에는 우리나라에서 붉은배새매 관찰이 어려워지고 있다.

수염수리. 부리 끝에 수염이 뚜렷하다. 남한에서는 2013년 강원 고성에서 처음으로 어린새가 관찰되었다.

검독수리. 날개 아랫면에 커다란 흰색 반점이 있고, 나이가 들수록 머리와 뒷덜미가 밝은 갈색이 된다.

개구리매. 어린새가 주로 보이고 얼굴과 뒷목이 연한 노란색이다.

벌매 얼굴. 벌에 쏘이지 않도록 얼굴에 깃털이 매우 촘촘하게 비늘처럼 덮여 있고 코 주변도 딱딱한 피부로 되어 있다.

털발말똥가리 발. 부척 전체에 털이 덮였다.

알락개구리매. 어른새 수컷은 머리가 검고 날개 윗면에 검은 반점이 있다.

초원수리. 주로 어린새가 보이고 깃털은 연한 갈색이며 위꼬리덮깃이 흰색이다.

항라머리검독수리. 주로 어린새가 보이고 깃털은 짙은 흑갈색이며 날개덮깃과 어깨깃에 흰 반점이 있다.

솔개. 꼬리는 오목하고 날개 아랫면에 크고 흰 반점이 있다.

검은어깨매. 몸 윗면은 회색이고 어깻죽지는 검은색이다. 우리나라에서는 2013년과 2015년에 관찰된 이후 관찰 횟수가 늘고 있다. 정지비행을 하면서 먹이를 찾기도 한다.

매 무리

p.202~206

부리가 수리 무리에 비해 작지만 날카롭고 아래로 휘었으며, 날 때 날개 끝이 뾰족하다.

수리 무리에 비해 몸이 날렵하게 생겼고 꼬리가 길다. 날개는 폭이 좁고 길어 날 때 날개 끝이 뾰족하게 보이며, 빠르게 날갯짓해 매우 빠른 속도로 날 수 있다. 주로 개활지나 간척지에서 볼 수 있으며 종에 따라 연중, 여름철, 이동기 등 관찰 시기가 다르다. 우리나라에서는 매과 7종이 보이며 종에 따라 깃털 색깔이 다양하지만 대부분 몸 윗면은 청회색이나 적갈색이고, 아랫면은 줄무늬가 있거나 적갈색인 경우가 많다. 암수의 깃털 색깔이 달라 뚜렷하게 구별되는 종도 있다.

날개를 빠르게 움직여 일정 높이까지 날아 오른 뒤에는 날갯짓과 활공을 섞어 가며 직선으로 날아간다. 또한, 황조롱이와 같은 몇몇 종은 날갯짓과 함께 부는 바람을 타고 공중에서 정지비행을 하기도 한다. 특히 번식기와 장거리 이동 시에는 높은 고도에서 선회비행을 하기도 한다. 매 종류는 평소에는 시속 80~100㎞로 비행하지만, 중력을 이용해 급강하며 사냥할 때는 시속 300㎞ 이상 속력을 내기도 한다.

공중에서 새나 곤충을 추격해 사냥하기도 하고 높은 곳이나 공중에서 매우 빠른 속도로 급강하해 땅 위에 있는 설치류, 새, 곤충 등을 잡아먹는다. 대부분 살아 있는 먹이를 사냥하며, 다리가 약해 빠르게 먹이를 죽이지 못하면 자신이 위험에 빠질 수 있기 때문에 먹이의 목을 물어뜯어 순식간에 죽인다. 육식성 맹금류들은 대개 집단생활을 하지 않는다. 먹이를 찾는 최소한의 세력권이 제각기 필요하기 때문에 부모에게서 독립한 새끼에게도 자신의 세력권을 공유하지 않는 습성이 있다.

둥지는 직접 터를 만들기보다는 절벽이나 나무에 생긴 구멍, 도심지 구조물, 아파트 베란다에 엉성하게 만들거나 까치나 다른 새들의 둥지를 재활용하기도 한다. 어미는 첫 번째 알을 낳은 후 바로 품는 경우가 많아서 1~3일 간격으로 부화가 이루어지기도 한다. 따라서 새끼들의 크기가 다르고 먹이가 부족할 때는 첫 번째 부화한 새끼의 생존확률이 상대적으로 높아진다. 사람들은 매과와 일부 수리과의 종을 길들여 사냥에 이용했으며 그 역사는 4,000년 정도가 되었다. 우리나라에서는 매와 참매를 이용하며, 특히 사냥 능력이 뛰어난 매를 송골매라 부르기도 한다.

매 무리도 대부분 먹이사슬 최상위에 위치해 환경변화에 매우 취약하다. 그래서 대부분 멸종위기에 몰려 법적으로 보호받고 있다. 우리나라에서는 매와 황조롱이가 천연기념물이며, 매는 멸종위기야생생물Ⅰ급, 새호리기는 멸종위기야생생물Ⅱ급으로 지정, 보호하고 있다.

　매의 최장 수명은 25년, 황조롱이는 24년, 새호리기는 15년으로 알려졌다.

매 둥지. 천적의 접근이 어려운 해안 절벽의 좁은 공간에 둥지를 만든다.

새호리기. 둥지를 떠나서도 한동안 부모가 제공하는 먹이에 의존해 자란다.

황조롱이. 작은 새의 다리까지 먹는 황조롱이 수컷. 뼈나 깃털까지 먹고 소화되지 않는 것은 다시 토해 낸다.

올빼미 무리

p.207~212

머리와 눈이 매우 크고 눈이 정면을 향하며 대부분 야행성이다.

매우 큰 분류군으로 전 세계적으로 다양한 종이 서식한다. 우리나라에서는 올빼미과 11종, 가면올빼미과 1종이 기록되었다. 전국적으로 드물게 서식하나 대부분 야행성이어서 보기 어렵다. 올빼미, 긴점박이올빼미, 수리부엉이를 제외한 나머지는 우리나라에 철새로 찾아온다.

몸은 원통형이며 머리가 크고 눈이 얼굴 대부분을 차지한다. 날개는 넓고 둥글다. 종마다 울음소리가 특이해 소리로 구별이 가능하고 올빼미 종류와 솔부엉이를 제외한 나머지는 뿔처럼 생긴 귓깃이 있다. 다리는 털로 덮였으며 발가락까지 덮인 종도 있다. 암수 깃털은 비슷하며, 암컷이 더 크다. 보통 귓깃이 있는 것을 부엉이, 없는 것을 올빼미라고 구별하지만 학술적인 근거는 없다.

시력과 청력이 뛰어나 야간에도 사냥이 가능하다. 날카로운 부리와 발톱으로 포유류, 새, 양서류, 파충류, 곤충 등 동물성 먹이를 잡아먹는다. 보통 사냥한 먹이를 통째로 삼키지만 새끼에게는 암컷이 작게 찢어 먹인다. 다른 맹금류처럼 소화되지 않는 뼈나 털은 덩어리(펠릿: pellet)로 토해 낸다. 일부 종은 낮에도 활동한다.

번식은 먹이원이 풍부한 계절에 맞추어 겨울에서부터 여름까지 이루어진다. 둥지는 고목의 구멍, 절벽, 바위나 돌 틈 등에 만들고, 알이 굴러 떨어질 염려가 없는 안정적인 모양이어서 대부분 알 모양이 원형에 가깝다. 새끼에게는 수컷이 잡아 온 먹이를 암컷이 손질해 먹인다. 새끼들은 위험을 느끼면 날개를 펼쳐 덩치가 커 보이게 하거나 부리를 부딪쳐 소리를 내기도 한다.

이 무리의 첫째날개깃 끝은 다른 새와 달리 아주 미세하게 갈라졌으며 이 부분으로 공기의 흐름을 제어해 비행할 때 소리가 나지 않도록 한다. 눈도 다른 새와 달리 얼굴 정면에 있어 사물을 보다 입체적으로 볼 수 있다. 고양이처럼 눈동자의 크기를 조절해 어두운 곳에서도 잘 볼 수 있지만, 올빼미 종류는 눈동자를 겨우 2도 정도 움직일 수 있다. 대신 목이 270도 회전해 얼굴을 돌려 좁은 시야를 보완한다. 또한 귀가 비대칭이고 얼굴의 깃털은 소리를 모을 수 있는 원반형이어서 소리만으로도 먹이의 거리를 측정할 수 있지만, 6m 이상 거리에서는 소리만 이용한 사냥 성공률이 뚝 떨어진다. 새는 대부분 동종의 음성 주파수에 민감하지만 올빼미 종류는 쥐가 내는 소리의 주파수에 민감하다. 한편 최근 연구에 따르면 먹이가 풍부한 시기에는 배가 많이 고픈 새끼가 소리 내어 신호하면 덜 배고픈 새끼가 어미가 가지고 온 먹이를 양보한다는 것이 밝혀졌다.

수리부엉이, 올빼미, 긴점박이올빼미는 멸종위기야생생물Ⅱ급이며, 쇠부엉이, 칡부엉이, 소쩍새, 큰소쩍새, 올빼미, 수리부엉이, 솔부엉이는 천연기념물이다.

수리부엉이는 사육 상태에서 최장 68년을 살았다. 쇠부엉이의 수명은 22년, 올빼미는 22년, 금눈쇠올빼미와 소쩍새는 11년으로 알려졌다.

수리부엉이 첫째날개깃. 날개깃 끝이 미세하게 갈라져 날개에서 발생하는 공기의 흐름을 제어해 소리 없이 날 수 있다.

금눈쇠올빼미와 펠릿. 겨울철 간척지와 개활지에서 주로 설치류를 먹고 소화되지 않은 뼈와 털을 토해 놓는다.

큰소쩍새 발. 소쩍새와 달리 발에 털이 있다.

올빼미. 밤에 쥐를 사냥했다.

큰소쩍새 둥지와 새끼. 소쩍새와 달리 홍채가 붉은색이다.

수리부엉이 둥지와 새끼. 천적의 접근이 어려운 절벽에 둥지를 만들었다.

긴점박이올빼미. 올빼미와 비슷하지만 부리가 노란색이고 배 쪽에 가로 줄무늬가 없다.

꿩 무리

p.213~215

몸이 둥글고 통통하며 날개가 작다. 주로 땅에서 활동한다.

전국에서 보이지만 계절에 따라 편차가 크다. 들꿩은 이름과 달리 우거진 산림에서 보이고 메추라기는 겨울에 초지와 농경지에서 보인다. 우리나라에서는 꿩과 4종이 보인다.

대부분 땅에서 생활하고 위협을 느끼거나 자신의 세력권을 주장할 때는 간혹 나무 위에 올라가는 경우도 있다. 몸에 비해 머리가 작고 부리와 다리는 짧다. 작은 날개를 빠르게 움직여 직선으로 짧은 거리를 비행한다. 암수 깃털에 차이가 있으며 일부다처제다. 번식기에는 수컷이 독특한 울음소리를 낸다.

잘 날지 못해 땅에서 아주 은밀하게 이동하고 천적을 만나거나 위협을 느끼면 빠르게 뛰어서 덤불로 숨거나 위급할 때만 날아서 도망친다. 잘 날지 못하고 살이 많아 예로부터 좋은 사냥감이었으며, 최근에는 알과 고기를 얻고자 사육하기도 한다.

대부분 수컷 하나에 여러 암컷이 모여서 번식하고 보통 알을 12개 정도 낳아 암컷이 품는다. 부화한 새끼는 깃털이 있으며 바로 걸을 수 있어 둥지에 머물지 않고 어미를 따라다닌다. 씨앗이나 열매, 곤충 등을 먹지만 주로 식물성을 먹기 때문에 먹이가 부족한 겨울에는 소화가 덜 된 배설물을 다시 먹는 경우도 있다.

본래 울릉도와 제주도에는 꿩이 없었으나 사냥용으로 방사해 최근 천적이 없는 울릉도에서는 농작물에 피해를 주고 있다. 꿩은 암컷과 수컷, 새끼의 깃털 차이가 심해 수컷은 장끼, 암컷은 까투리, 새끼는 꺼병이라고 달리 부른다. 들꿩은 주로 경기도와 강원도의 우거진 산림에서 보이나, 드물게 전라도 산림지대에서도 보인다. 메추라기는 텃새로 알려졌으나 번식하는 개체는 그리 많지 않고 매우 조심성이 많아 겨울에도 관찰이 쉽지 않다. 예로부터 청렴하고 검손한 선비를 메추라기에 비유하기도 했는데, 메추라기의 깃털이 누더기를 걸친 선비 같다고 해서 생긴 표현이다.

꿩의 평균 수명은 27년 정도로 알려졌다.

장끼 얼굴. 번식기가 되면 꿩 수컷은 붉은색 피부가 넓어지면서 암컷을 유혹한다.

메추라기의 잠자리. 메추라기는 풀이나 눈으로 굴을
만들고 잠을 자는 습성이 있다.

들꿩. 들꿩은 잘 울지 않지만 번식기에는 "삐, 삐"하는
높은 음을 낸다.

까치, 까마귀 무리

p.216~223

몸이 주로 검은색과 흰색이고 꼬리깃이 길며 날개가 크다.

맹금류를 제외한 산새 종류 중에서 비교적 덩치가 크고 잡식성이다. 전 세계적으로 열대우림, 사막, 북극지방에 이르기까지 다양한 환경에 분포하며 우리나라에서는 까마귀과 11종이 보인다.

대부분 깃털이 검은색이며 일부 회색과 흰색이 나타나는 경우가 있는데 이러한 색상은 무리생활을 하는 데 있어서 서로를 시각적으로 쉽게 인식하게 한다. 그러나 무리생활을 하지 않거나 열대우림에 사는 종은 깃털이 화려한 색을 띠기도 한다. 꼬리가 몸에 비해 긴 편이고, 부리와 다리는 검은색이며 매우 튼튼하다. 특히 윗부리가 크고 튼튼하며 끝이 살짝 아래로 휘어 맹금류의 부리 같다. 암수의 깃털은 비슷하며 일부 종은 수컷에 비해 암컷이 작다. 물까치는 우리나라를 비롯해 몽골, 중국, 일본에 서식하나 우리나라에 서식하는 종은 꼬리 끝에 흰 반점이 있다.

번식기를 제외하면 무리를 형성하고 주거지에서 산림에 이르기까지 다양한 환경에서 생활한다. 또한 뇌 용량이 크고 똑똑하다고 알려져 19세기 초기 진화론자들은 이들을 가장 진화한 무리로 여겼다. 날개는 비교적 넓고 둥글며 날개를 천천히 펄럭거리며 직선에 가깝게 난다. 무리 지어 장거리를 이동할 때는 높은 고도까지 올라가 활공하기도 한다. 까마귀 종류는 종에 따라 우는 자세가 달라 그것으로도 구별 가능하다.

둥지는 높은 나무 위나 절벽에 굵은 나뭇가지로 틀을 만들고 종에 따라 그 안에 흙이나 부드러운 풀을 깐다. 알을 4~8개 낳는다. 텃새인 까치는 12월부터 지난해 사용한 낡은 둥지를 보수하거나 새로 둥지를 만든다. 까치 둥지를 소쩍새, 파랑새, 참새, 새호리기, 황조롱이 등이 이용하기도 한다. 우리나라에서는 까치, 어치, 물까치를 일 년 내내 볼 수 있고, 까마귀 종류는 여름보다 겨울에 관찰하기 쉽다.

까마귀 종류 수명은 15~20년이고 사육 상태에서는 더 오래 사는 것으로 알려졌다.

까치 둥지. 작은 나뭇가지와 흙으로 지붕이 있는 둥지를 만들고 작은 입구를 낸다.

꾀꼬리 둥지. Y 자 모양 가지에 주머니 모양으로 매달아 만든다.

검은바람까마귀. 동남아시아와 중국이 주요 서식지이며, 우리나라에서는 이동기에 섬 지역과 해안에서 드물게 보인다.

떼까마귀 무리. 겨울철에 전깃줄에 모여 쉬고 있다.

떼까마귀 무리(검은색 점). 안전한 장소에 모여서 잠을 잔다.

어치 둥지. 작은 나뭇가지나 뿌리로 밥그릇 모양 둥지를 만든다.

비둘기 무리

p.226~228

머리가 작고 몸은 통통하며 다리가 짧다.

우리나라에서는 비둘기과 8종이 보이며, 멧비둘기만 전국에서 보이고 나머지 종은 특정 지역 또는 길잃은새로 찾아온다. 몸에 비해 머리가 작고 걸을 때 머리를 앞뒤로 움직인다. 날개는 길고 뾰족하며 빠르게 날갯짓해 직선으로 날아간다. 암수 깃털의 차이는 없고 어두운 계열의 색을 띤 종과 깃이 화려한 종이 있다.

비둘기 무리는 번식력이 매우 높아 집비둘기는 조건이 좋으면 새끼를 키우는 동안에도 또 알을 낳아 품기도 한다. 멧비둘기는 번식기가 되면 힘차게 날아올라 날개를 펴고 활공하는 짝짓기 비행을 한다. 그래서 멀리서 보고 맹금류로 착각하는 경우도 있다. 둥지는 나무 위, 암벽 틈, 나무 구멍 등에 작은 나뭇가지로 만들고 알을 1~2개 낳는다. 비둘기 무리는 특이하게도 새끼를 키울 때 포유류의 젖과 비슷한 분비물(pigeon's milk)을 토해서 먹인다. 주로 땅 위에서 먹이를 찾으며, 열매나 씨앗을 먹는다.

공원이나 주거지 같은 우리 주변에서 흔히 보이는 집비둘기는 Rock Dove(*Columba livia*)라는 야생비둘기를 개량한 변종(*Columba livia* var. *domestica*)이다. 비둘기는 기원전 3,000년 경부터 가금화해 통신수단(전서구) 또는 경주용, 식용, 관상용 등으로 품종이 개량되어 형태가 매우 다양하다. 멧비둘기를 제외한 대부분이 관찰하기 어렵거나 길잃은새로 기록된 종이다. 흑비둘기는 주로 서해와 남해의 섬 지역과 제주도, 울릉도에서만 보이고 있어 천연기념물과 멸종위기야생생물Ⅱ급으로 지정되었다.

비둘기 종류의 수명은 12~17년이고 사육 상태에서는 36년까지 산 기록이 있다.

홍비둘기. 봄과 가을 이동기에 섬 지역에서 드물게 보인다.

멧비둘기 둥지. 비둘기 종류는 대부분 둥지를 엉성하게 짓고 알을 2개 낳는다. 흑비둘기는 알을 1개 낳는다.

목점박이비둘기. 열대지역에 서식하는 종으로 우리나라에서는 섬 지역에서 서너 번 관찰되었다.

레이스비둘기. 집비둘기를 개량한 경주용 비둘기로 고가에 거래되므로 다리에 인식표(가락지)를 채워 놓는다.

집비둘기. 가금화된 품종으로 깃털의 색과 모양이 매우 다양하다.

뻐꾸기 무리

p.229~231

꼬리가 가늘고 길며 울음소리가 특이하다.

다른 새의 둥지에 알을 낳아 자신의 새끼를 키우게 하는 습성(탁란)으로 유명하지만, 전 세계적으로 볼 때 이 무리의 40% 정도만 이런 습성이 있다. 또한 오리 종류, 천인조 종류, 벌잡이새 등 새 전체의 1% 정도가 탁란으로 번식한다. 우리나라에서는 두견이과 10종이 보이며 전국에서 관찰되지만 두견이, 매사촌은 관찰 빈도가 매우 낮다.

꼬리가 가늘고 길며 날개가 뾰족해서 날 때 매 종류와 혼동되기도 한다. 부리는 머리에 비해 큰 편이며 끝이 아래로 살짝 굽었다. 다리는 짧은 편이고 발가락 4개 중 2개는 앞쪽을, 2개는 뒤쪽을 향한다. 암수 깃털의 색은 차이가 없으며, 대부분 몸 윗면은 청회색이고 아랫면은 흰색에 검은 줄무늬가 있다. 그러나 일부 적색형 개체변이가 관찰되기도 한다. 우리나라에서 보이는 뻐꾸기 종류의 생김새는 비슷하지만 울음소리가 독특해 뚜렷이 구별 가능하다. 소형 척추동물부터 곤충, 때로는 열매 같은 식물도 먹지만 주로 곤충을 먹으며, 다른 새는 잘 먹지 않는 털 많은 애벌레를 즐겨 먹는다.

탁란은 대부분 붉은머리오목눈이, 휘파람새, 딱새, 검은딱새, 산솔새 같은 작은 새들에게 하며, 종에 따라 대상이 다르다. 뻐꾸기 종류는 숙주(탁란 당하는 새)의 알보다 자신의 알이 먼저 부화하도록 알을 낳기 전에 몸속에서 알을 품는 것과 같이 배(embryo) 발생을 조절한다. 이렇게 24시간 동안 몸속에서 알을 품으면 몸 밖에서 31시간 알을 품은 효과가 있다. 뻐꾸기 종류가 48시간 단위로 알을 하나씩 낳는 것도 배 발생 조절과 관련 있다. 뻐꾸기 종류는 숙주의 둥지에는 알을 오로지 1개 낳고 원래 있던 숙주의 알은 버리거나 먹어 버린다. 그러나 간혹 다른 어미가 같은 둥지에 알을 낳기도 한다. 숙주의 알보다 먼저 부화한 뻐꾸기 종류의 새끼는 숙주의 알을 둥지 밖으로 밀어 버리는 데 모든 에너지를 사용한다. 그렇게 해서 혼자 남게 되면 숙주의 보살핌을 받으며 자라고, 둥지를 떠나서도 일정기간 동안은 숙주에게 먹이를 얻어먹는다. 탁란한 부모라고 해서 노는 것이 아니다. 탁란한 곳 주변에서 세력권을 만들고 아주 거세게 울면서 경쟁자의 침입을 막으려 노력한다.

뻐꾸기 무리가 큰 소리를 내니 보기 쉬울 것 같으나 울창한 숲 속에서 소리를 내기 때문에 개체를 확인하기가 매우 어렵다. 또한 번식기 이후에는 소리 내지 않는 경우가 많아 더욱 보기 어렵다. 따라서 이들을 만나려면 번식기인 이른 여름에 소리로 찾는 것이 가장 좋다.

우리나라를 비롯해 일본, 영국, 독일, 러시아, 네덜란드 등에서 부르는 이름이 모두 '뻐꾹(쿠쿡)' 형태로 비슷하다. 울음소리를 본 따 이름 지었기 때문이다. 우리나라에서 볼 수 있는 뻐꾸기는 수컷만이 "뻐꾹(쿠쿡)" 소리를 낸다. 암컷은 거의 "크크" 또는 "꽤꽤" 거리는 소리를 낸다. 뻐꾸기 종류 중에서는 벙어리뻐꾸기가 가장 먼저 한반도에 도착하고 이어서 두견이, 뻐꾸기, 검은등뻐꾸기 순이다. 두견이는 최근 개체수가 감소해 천연기념물 447호로 지정, 보호하고 있다.

뻐꾸기 종류의 최장 수명은 13년 정도로 알려졌다.

밤색날개뻐꾸기. 주요 서식지는 동남아시아이며, 우리나라에서는 길잃은새로 나타난다.

검은뻐꾸기. 우리나라에서는 섬 지역과 강원 강릉, 부산에서 길잃은새로 관찰되었다.

매사촌. 주로 북부 지역의 우거진 산림에서 드물게 보인다. "쭈잇- 찌잇"하며 2음절로 운다.

두견이. 뻐꾸기나 벙어리뻐꾸기와 생김새가 비슷하나 크기가 작으며, 배의 검은 줄무늬가 굵고 간격이 넓다. "쿄-쿄-, 쿄쿄곳"하며 운다.

딱다구리 무리

p.232~236

나무에 수직으로 매달려 먹이를 찾고, 대부분 머리에 붉은 깃이 있다.

우리나라에는 딱다구리과 11종이 있다. 전국에서 관찰되지만 쇠딱다구리와 청딱다구리를 제외하고는 지역에 따라 관찰 빈도에 차이가 있다.

부리가 끌처럼 생겨서 나무를 쪼거나 구멍을 내기에 좋다. 발가락 4개는 앞쪽과 뒤쪽으로 2개씩 대칭을 이루며 나뉘어 나무를 타고 오르기 적합하다. 꼬리는 매우 뻣뻣하고 튼튼해 나무에 매달릴 때 몸을 지탱해 준다. 혀는 매우 길고 끝에 난 화살촉 모양 돌기가 낚싯바늘 역할을 해 나무속의 애벌레를 끄집어내기 편하다. 또한 혀끝에 점액성 물질이 있고 민감한 신경이 밀집되어 혀의 감각만으로 애벌레인지 아닌지를 구별할 수 있다. 평상시에는 긴 혀를 부리 아래 작은 구멍을 통해 두개골 위로 한 바퀴 휘감고 있다가 먹이를 사냥을 할 때 입 밖으로 길게 내민다. 딱다구리 무리 중 개미잡이를 제외하고는 머리의 붉은 깃털로 암수를 구별할 수 있다. 날갯짓을 빠르게 하다가 멈추기를 반복하며 파도 모양으로 날아간다.

죽은 나무를 부리로 두들겨서 소리를 내며 이것을 딱다구리가 '북을 친다(drumming)'고 표현한다. 이 소리는 보통 새의 수컷이 다른 개체에게 자신의 존재와 위치를 알리고자 내는 울음소리와 같은 기능을 한다. 따라서 번식기에는 나무를 두들겨 암컷을 유인하거나 다른 개체에게 자신의 세력권을 주장하기도 한다. 1초에 15~16회 속도로 나무를 쪼며, 이것은 총알 속도의 2배 정도 빠르다. 이렇게 나무를 쪼면 충격으로 뇌가 손상될 수도 있지만, 부리와 두개골 사이에 스펀지와 같은 조직이 있어 충격을 흡수하고, 머리에 있는 특수한 근육이 나무와 부리가 부딪치는 순간에 뇌를 반대 방향으로 당겨 주어 충격을 덜 받도록 한다. 이러한 기능은 물리적으로 수직일 때 가장 충격 흡수 효과가 크기 때문에 항상 머리와 나무가 직각이 되도록 자세를 잡는다. 한편 나무를 쫄 때 발생하는 먼지와 나뭇조각에 눈과 코가 다치지 않도록 눈과 코에 긴 깃털이 촘촘하게 나 있고, 눈에는 두터운 순막(membrana nictitans, 瞬膜)이 있다.

대부분 나무에 구멍을 파고 원형에 가까운 흰색 알을 4~6개 낳아 암수 교대로 14~16일 동안 품는다. 새끼에게 주로 곤충을 먹이지만 나무 열매를 먹기도 한다. 둥지 입구는 원형 또는 타원형으로 만들며, 크기가 작은 종은 원형, 청딱다구리, 까막딱다구리처럼 큰 종은 타원형에 가깝게 만든다. 소쩍새, 큰소쩍새, 동고비, 박새 같은 다른 새들이 이 둥지를 재활용한다.

딱다구리 무리는 산림이 발달한 곳에서 보이는데, 최근에는 산림 훼손이나 숲 가꾸기 사업 등으로 산에 고목이 줄어 둥지 틀 나무가 매우 부족하다. 그래서 1980년대 이후 관찰되지 않는 크낙새는 남한에서 이미 멸종한 것으로 보고 있다. 크낙새, 까막딱다구리는 천연기념물이며, 동시에 크낙새는 멸종위기야생생물 Ⅰ급, 까막딱다구리는 멸종위기야생생물 Ⅱ급이다.

소형 종은 수명이 10년, 중대형 종은 15년 정도로 알려졌다.

청딱다구리 둥지 만들기. 끌처럼 생긴 부리로 나무에 구멍을 만들고 새끼를 키운다.

큰오색딱다구리 혀. 혀끝에 많은 신경 세포가 밀집되어 있고, 끝이 낚싯바늘 같다.

까막딱다구리 둥지. 덩치가 큰 종은 둥지 입구를 타원형으로 만들고 작은 종은 원형으로 만든다.

개미잡이. 주로 땅에서 개미와 같은 곤충을 먹는다. 보기 드문 나그네 새다.

딱다구리 먹이 흔적. 단단한 견과류는 나무나 돌 사이에 고정시키고 부리로 쪼아 깨트린다.

지빠귀, 직박구리 무리

p.237~243

어둡고 습기가 많은 숲에서 보이고 매우 아름답게 지저귄다. 어린새 깃털에 크고 검은 반점이 있다.

대부분 여름철새로 물이 넉넉하고 활엽수가 많은 전국의 산림이나 공원에서 보인다. 전 세계적으로 폭넓게 서식하며, 우리나라에서는 지빠귀과 16종과 직박구리과 2종, 솔딱새과의 바다직박구리 등이 보인다.

부리가 곧고 튼튼하며 눈이 큰 편이다. 날개는 둥글고 꼬리는 길며 사각형 또는 원형이다. 다리는 굵고 튼튼하다. 공통적으로 어린새일 때 크고 검은 반점이 있다. 깃털은 종에 따라 갈색, 회색, 청색, 밤색, 오렌지색 등 다양하며, 암수의 깃털 색이 다르고, 주로 암컷보다 수컷이 화려하다. 아종인 개똥지빠귀와 노랑지빠귀는 개체별 깃털 색 변이가 심하다.

지빠귀 종류는 주로 땅에서 빠르게 걷다가 잠시 멈춰 서기를 반복하며 흙, 나무, 낙엽 등을 뒤져 동물성 먹이를 찾는다. 먹이 찾는 소리가 매우 커 지빠귀 종류를 숲에서 찾는 정보로 활용된다. 먹이는 나무 열매, 무척추동물 등 다양하지만 날면서 사냥하지는 않는다.

대부분 일부일처제이며 번식하는 동안 먹이를 충분히 확보할 수 있는 공간을 선택해 암수가 함께 세력권을 확보한다. 수컷은 자신의 영역을 주장하고자 번식기 내내 아침과 저녁으로 지저귄다. 수컷 노랫소리의 선율은 매우 다양하다.

숲 속의 우거진 나뭇가지, 덤불 속, 바위틈, 나무 구멍 등에 컵이나 밥그릇 모양으로 둥지를 만든다. 알은 종에 따라 색깔과 모양이 다르며, 보통 4~6개를 낳고 주로 암컷이 11~15일 동안 품는다. 알을 품는 동안에는 수컷이 암컷에게 먹이를 공급한다. 천적이 둥지를 공격하면 이웃과 힘을 모아 천적을 공격하는 습성이 있고, 어떤 종은 천적 위로 빠르게 날면서 끈적끈적한 배설물로 공격하기도 한다.

지빠귀 종류는 천적을 피해 야간에 장거리 이동을 한다. 수명은 10년 정도로 알려졌다.

직박구리 둥지. 직박구리는 사람을 덜 무서워해 도심 아파트 정원수에서 번식하기도 한다.

흰배지빠귀 둥지. 둥지를 나뭇가지에 만들기도 하지만 나무 구멍 속에도 만든다.

호랑지빠귀 둥지. 다른 새들과 달리 주로 어두운 시간대에 "휘-휘-"하며 음산한 소리로 울어 귀신새로 불리기도 한다. 이끼와 나뭇가지로 밥그릇 모양 둥지를 만든다.

검은이마직박구리. 2002년 서해안 섬에서 처음 관찰된 이후 내륙에서도 번식하며 개체수가 늘고 있다.

꼬까직박구리 수컷과 암컷. 이동기에 산림이나 섬 지역에서 보이는 보기 드문 나그네새다.

검은지빠귀. 이동기에 우거진 산림이나 섬 지역에서 보이는 보기 드문 나그네새로 몸 윗면은 검은색이고 아랫면은 흰색 바탕에 검은 반점이 있다.

대륙검은지빠귀. 검은지빠귀와 비슷하나 몸 아랫면도 검은색에 가까운 갈색이다. 섬 지역이나 일부 내륙에서 드물게 보인다.

붉은목지빠귀. 멱과 가슴이 적갈색이고, 몸 윗면은 회색으로 겨울철에 드물게 보인다.

붉은배지빠귀. 머리와 몸 윗면은 회갈색이고 가슴과 옆구리는 적갈색이다. 섬 지역에서 보인다.

큰점지빠귀. 눈 주변에 굵고 검은 줄무늬가 있으며, 몸 아랫면에 크고 둥근 검은색 반점이 있다. 섬 지역에 몇 차례 관찰기록이 있다.

흰눈썹지빠귀. 보기 드문 나그네새로 어른새는 몸 전체가 짙은 파란색이고 눈썹선은 굵고 희다.

흰눈썹붉은배지빠귀. 나그네새로, 흰색 눈썹선과 검은색 눈선이 있고 가슴과 옆구리는 드문드문 적갈색을 띤다.

찌르레기 무리

p.244~247

머리가 납작하고 부리는 곧고 뾰족하며, 큰 무리를 이룬다.

우리나라에서는 찌르레기과 8종이 보인다. 찌르레기는 전국에서 보이고, 최근 관찰기록이 늘고 있는 붉은부리찌르레기는 소수가 전국에서 번식하고 있다.

몸은 통통하며 둥근 편이고 부리는 곧고 뾰족하며 날카롭다. 깃털은 금속성 광택을 띠고 날개는 긴 편이며, 앉았을 때 날개를 몸 아래로 늘어뜨린다. 꼬리는 짧고 날 때 날개 끝과 꼬리 끝을 연결한 모양이 삼각형이다.

찌르레기는 군집성이 매우 강해서 대부분 많은 개체가 모여 먹이 활동을 하고 특히 저녁에는 큰 무리를 이뤄 잠자리로 이동한다. 이동할 때 매우 시끄럽게 울면서 서로 정보를 주고받으며 군무를 펼치기도 한다. 대부분 땅에서 곤충이나 씨앗 등을 찾아 먹는다. 나무 구멍, 도로 표지판, 건물 틈새 등에 둥지를 만들고 알을 5~7개를 낳아 11~12일간 품는다.

흰점찌르레기는 본래 유럽에 서식하던 종으로 셰익스피어 작품에도 등장하는데, 1890년대 북미에서 셰익스피어 작품을 공연할 때 소품으로 들어왔던 개체가 탈출해 북미에 확산되었다.

찌르레기 무리의 수명은 15~20년으로 알려졌다.

붉은부리찌르레기. 저녁에 잠자리로 들어가기 전에 무리 지어서 시끄럽게 지저귄다.

북방쇠찌르레기. 쇠찌르레기와 생김새가 비슷하나 정수리에 검은 반점이 있다. 보기 드문 나그네새다.

잿빛쇠찌르레기. 주로 섬에서 보이고 내륙에서는 강릉에서만 관찰된 보기 어려운 나그네새다.

때까치 무리

p.248~251

머리는 크고 둥글며 수직으로 앉고 꼬리를 자주 움직인다. 두텁고 검은 눈선이 있다.

우리나라에서는 때까치과 7종이 보인다. 때까치는 우리나라 전역의 산림이나 초지에서 볼 수 있고 노랑때까치와 칡때까치는 산림이 발달한 중북부 지방에서 주로 보인다.

머리는 둥글고 크다. 부리도 큰 편이며 아래로 굽었고 날카롭다. 두터운 검은색 눈선이 있는 것이 특징이다. 꼬리는 검은색 또는 갈색으로 긴 편이다. 깃털의 색과 무늬로 암수가 구별되는 종도 있다. 번식기에는 수컷이 암컷에게 먹이를 잡아 주며 구애(구애급이)하는데, 이때 사람들은 간혹 암컷을 어린새로 오인해 새끼를 돌보는 것으로 착각하기도 한다.

때까치 무리는 맹금류만큼이나 공격적이고 매섭다. 대부분 사람 눈에 잘 띄는 곳에 앉아서 먹이를 찾고, 날 때는 풀 위나 땅 위로 파도 모양을 그리며 낮게 난다. 간혹 사냥할 때 정지비행을 하기도 한다. 먹이는 대개 부리로 옮기지만 무거운 먹이는 발로 옮기기도 한다.

때까치 무리의 가장 독특한 행동은 먹이를 나무나 철조망 가시 등에 꽂아 놓는 것이다. 이런 원인에 대해서는 먹이를 보다 편하게 찢어 먹으려고, 양서류 중 독이 있는 먹이를 소독하고자, 먹이를 저장하고자, 이유 없는 본능이라는 설 등 다양한 견해가 있다. 최근 학자들 중에는 먹이를 걸어 놓고 먹지 않는 것을 보고 암컷에게 구애하거나 자신의 영역을 알리려는 행동이라고 주장하는 이도 있다. 또한, 때까치 한 마리가 여러 장소에 걸어 놓은 먹이를 기억한다는 것이 밝혀지기도 했다. 이러한 습성 때문에 서양에는 '푸줏간 새'라는 별명이 있고, 먹지 않아도 기회가 있으면 사냥하기 때문에 '도살자'라는 별명도 있다.

덤불이 우거진 잡목이나 나뭇가지에 밥그릇 모양으로 둥지를 만들고 알을 3~5개 낳아 2주 정도 품는다. 주로 곤충을 먹지만 양서류나 설치류, 작은 새를 사냥하기도 한다. 맹금류는 대부분 날카로운 발톱으로 사냥하지만 때까치 무리는 뾰족한 부리로 사냥한다. 흐린 날에는 잘 울지 않으며, 화창한 날에 전깃줄이나 나무 꼭대기에 앉아서 매우 시끄럽게 운다.

옛날에는 논 주변, 밭이나 숲 가장자리에서 쉽게 볼 수 있었지만 최근에는 농약 사용과 도시화로 먹이와 서식지가 부족해져서 번식하는 개체보다 겨울철새로 도래하는 개체가 더 많이 보인다.

때까치 무리의 수명은 12년으로 알려졌다.

때까치가 걸어 놓은 먹이. 사냥한 먹이를 나무나 철조망 가시에 걸어 놓는다.

때까치 둥지. 관목이나 덤불에 밥그릇 모양으로 둥지를 만든다.

펠릿. 소화되지 않는 털이나 가시는 다시 토해 낸다.

긴꼬리때까치. 동남아시아, 인도 등에 서식하는 종으로 1994년 처음 관찰된 이후 전국에서 관찰 빈도가 늘고 있다.

홍때까치. 노랑때까치와 비슷하게 생겼지만 머리와 몸 윗면이 적갈색이다.

재때까치. 물때까치와 비슷하게 생겼지만 몸 아랫면에 비늘무늬가 있다

비둘기와 크기가 비슷하지만 생김새 공통점이 없는 새

공통 특징으로 무리 짓기 어렵지만 비둘기와 크기가 비슷하거나 친숙한 새들을 모아 모둠 지었다.

파랑새는 파랑새과에 속하는 여름철새로 깃털이 금속성 광택을 띠는 푸른색이다. 날개가 크고 넓으며, 부리는 끝이 휘었다. 주로 전깃줄이나 나무 꼭대기에서 쉬거나 곤충을 기다리다가 공중에서 잡아먹는다. 곡예에 가까운 구애비행을 하고 날 때 괴팍한 울음소리를 낸다. 수명은 약 10년이다.

후투티는 후투티과에 속하는 여름철새로 머리의 긴 장식깃이 특징이다. 부리는 길고 아래로 휘었으며 몸의 흰색과 검은색 깃털 대비가 뚜렷하다. 새끼를 키우는 둥지에서는 가져온 먹이와 새끼들의 배설물 때문에 심한 악취가 난다. 수명은 약 12년이다.

쏙독새는 쏙독새과에 속하는 여름철새로 깃털 색이 나무나 흙과 비슷해 위장 효과가 뛰어나다. 그래서 발견하기가 매우 어렵지만, 여름밤에 "쏙쏙쏙쏙"하는 독특한 울음소리를 내기 때문에 근처에 있다는 것을 알 수는 있다. 입 주변에 가시처럼 변한 수염이 있어 밤에 날면서 나방 같은 곤충을 잡아먹을 때 도움이 된다. 부리는 작지만 입은 커서 매우 크게 벌릴 수 있다. 수명은 약 12년이다.

팔색조는 팔색조과에 속하는 아열대성 새로 우리나라에서는 여름에 보인다. 과거에는 제주도를 비롯해 남부 지역에서만 보였으나 최근 기후변화로 중부 지역에서도 번식하며 전국에서 보인다. 깃털 색이 다양하고 화려하다. 습기가 많고 우거진 산림의 계곡 주변에서 지내며 새끼에게는 주로 지렁이를 먹인다. 수명은 약 6년이다.

긴꼬리딱새는 긴꼬리딱새과에 속하는 여름철새로 수컷의 꼬리깃이 매우 길다. 팔색조처럼 과거에는 제주도와 남부 지역에서 보였으나 최근에는 전국으로 확산되고 있다. 번식지 주변에는 항상 계곡이나 웅덩이 같은 물이 있다. 수명에 관해서는 알려진 것이 없다.

홍여새와 황여새는 여새과에 속하는 겨울철새로 생김새가 서로 비슷하지만 꼬리 끝의 색에서 차이를 보인다. 주로 무리 지어 우리나라를 찾아오며, 번식지 생태환경에 따라 5~7년 주기로 찾아오는 규모가 크게 달라진다. 수명은 약 8년이다.

팔색조와 긴꼬리딱새는 서식지가 제한적이고 개체수가 적어 멸종위기야생생물 II 급으로 지정, 보호하고 있다.

후투티. 머리에 독특한 장식깃이 있다.

팔색조. 습기가 많은 산림의 계곡 주변에서 번식한다.

긴꼬리딱새(삼광조). 꼬리깃이 유난히 긴 여름철새다.

홍여새. 겨울에 무리 지어 우리나라를 찾아온다.

제비, 칼새 무리

p.260~263

꼬리깃 양쪽이 길게 뻗었고 날개가 뾰족하며 빠르게 난다.

우리나라에서는 제비과 6종, 칼새과 4종이 보인다. 대부분 여름철새이며, 제비와 귀제비를 제외한 종들은 이동기에 드물게 보인다. 칼새는 해안 절벽이나 섬 지역에서 볼 수 있다.

제비 무리는 몸 윗면이 검은색에 가까울 만큼 어둡고 아랫면은 흰색에 가깝게 밝다. 날개는 짧고 둥글며 끝이 뾰족하다. 꼬리는 긴 편이며 깊게 갈라졌고 다리는 짧고 약해 땅에 잘 앉지 않는다. 암수 생김새가 비슷하지만 구별 가능한 종도 있다. 칼새 무리는 몸 윗면과 아랫면이 모두 검거나 어둡다. 날개는 좁고 길며 끝이 뾰족한 낫 모양이다. 제비 무리보다 다리가 더 짧으며, 번식기가 아니면 거의 땅에 내려앉지 않는다.

비행 능력이 뛰어나 보통 날면서 곤충을 잡아먹는다. 제비는 양 극지방과 대양의 작은 섬을 제외한 전 세계에서 번식하며, 아프리카, 동남아시아, 남아메리카 등의 난대와 열대 지역에서 겨울을 난다. 최근에는 우리나라 남부 지역에서도 월동개체가 확인되었다. 제비는 인가 주변에 살면서 번식했던 둥지를 이듬해에 다시 찾아오는 것으로 알려졌으나 다시 돌아오는 비율이 10% 이내로 높지 않다. 특히 어린새의 경우는 1% 미만으로 더 낮다. 큰 무리를 이루어 이동하며, 이동 중 저녁 잠자리에 수천 마리가 모이기도 한다.

칼새 무리는 다리가 깃털에 덮여 보이지 않을 만큼 짧고, 지상에 잘 앉지 않으며, 삶의 대부분을 하늘을 날면서 지낸다. 칼새 무리의 일부 종은 하늘을 날면서 짝짓기를 하고 심지어 잠도 자며, 2년간 땅에 내려앉지 않은 기록도 있다. 우리나라를 찾아오는 칼새 종류는 번식기인 장마철에는 공중에 떠 있어도 먹이를 잡기 어렵기 때문에 절벽에서 마치 겨울잠을 자듯 여러 날 가수면 상태로 지내면서 에너지 소모를 줄이기도 한다. 최근 연구에 따르면 동굴에서 번식하는 칼새 종류는 박쥐처럼 자신이 낸 소리의 메아리(반향파)를 듣고 방향을 잡는 반향정위를 이용하는데, 박쥐처럼 초음파가 아닌 가청주파수 범위의 딸깍거리는 소리를 낸다고 한다.

제비 무리는 대부분 인가 근처나 인공 구조물에서 번식한다. 흙과 풀을 벽에 붙여서 둥지를 만들고 알을 4~5개 낳아 2주가량 품는다. 칼새 무리는 절벽이나 동굴에 침과 풀을 섞어 붙여서 둥지를 만든다. 고가인 중국의 제비집 요리 재료는 흙으로 만든 제비집이 아닌 칼새 종류의 집이다.

제비와 칼새 무리는 생김새가 비슷할 뿐 계통분류학적으로는 거리가 멀다. 칼새의 비행속

도는 시속 170㎞로 새 중에서 가장 빠르다. 사냥할 때 시속 300㎞로 내리꽂는 매의 경우는 자유낙하로, 날갯짓으로 비행하는 것과는 구별된다.

제비 무리의 수명은 5~7년이고, 칼새는 10년 정도이며 최장 21년까지 산 기록이 있다.

제비의 체온 유지. 이동기에 기온이 떨어지면 서로 모여 체온을 유지한다.

풀이 많은 제비 둥지. 흙과 풀을 섞어서 둥지를 만들며, 재료에 따라 모양이 다르다.

귀제비 둥지. 표주박 모양 둥지를 만들며, 보통 둥근 입구를 하나 만들지만, 너비가 다르거나 두 개를 만드는 경우도 있다.

흰털발제비. 이동기에 아주 드물게 보이는 종으로 다리에 털이 있고 허리는 흰색에 검은 줄무늬가 있다.

바늘꼬리칼새. 우리나라 칼새 종류 중에서 덩치가 큰 편이고 아래꼬리덮깃이 흰색이다. 이동기에 칼새 무리에서 섞여 드물게 보인다.

제비 입. 날면서 사냥하는 새의 입은 매우 크고 입 주변에 강한 수염이 있다.

칼새 종류의 집. 제비집 요리는 칼새 종류의 집으로 만든다.

개개비, 솔새 무리

p.264~276

깃털이 대부분 갈색이며, 번식기에는 종마다 독특한 소리를 낸다.

우리나라에서는 휘파람새과 3종, 개개비과 5종, 섬개개비과 7종, 개개비사촌과 1종, 상모솔새과 1종, 솔새과 15종이 보인다. 개개비, 휘파람새, 산솔새, 되솔새, 숲새, 개개비사촌은 여름철새로 우리나라 전역에서 번식하며, 나머지 종은 겨울철새로 이동기와 겨울에 보인다.

대부분 몸 윗면은 갈색이나 회갈색이고 아랫면은 더욱 밝으며, 청회색이나 노란색을 띠는 종도 있다. 부리는 가늘고 길며 끝이 뾰족하고, 다리는 검은색과 분홍색 등으로 다양하며 연약해 보인다. 그러나 크기가 작고 생김새가 비슷해 야외에서 종을 구별하기가 어려우며, 각 종의 암수도 비슷해 구별이 어렵다. 그나마 종에 따라 눈썹선과 날개선이 달라 사진으로 구별할 때는 이 점이 유용하며, 야외에서는 종마다 울음소리가 달라 소리로 구별할 수 있다. 풀숲이나 지면으로 이동하거나 나무 꼭대기에서 빠르게 이동하는 습성이 있다.

주로 우거진 산림의 계곡이나 물가 근처의 수생식물이 발달한 곳에서 번식하고, 나뭇가지나 바위틈에 식물로 밥그릇 모양 둥지를 만든다. 종에 따라 알을 3~7개 낳고 12~15일 동안 품는다. 새끼를 돌보는 기간도 알 품는 기간과 비슷하며 곤충이나 거미를 먹인다. 섬개개비는 국내의 번식지가 감소하고 국제적으로도 개체수가 적어 멸종위기야생생물 II 급으로 지정, 보호한다.

수명은 10~13년으로 알려졌다.

되솔새 둥지. 여름철새이며 산림 계곡 바위틈에 이끼로 둥지를 만든다.

개개비 둥지. 주로 물가나 습지의 갈대에 둥지를 매달아 만들고 위장하는데, 태풍에 둥지가 드러났다.

쇠무릎에 따른 피해. 작은 새는 쇠무릎처럼 씨앗에 가시가 있는 식물에 깃털이 엉켜 죽기도 한다.

긴다리솔새사촌. 솔새사촌과 생김새가 비슷하나 부리가 더 두툼하고 눈 앞쪽이 넓은 황갈색이다.

쥐발귀개개비. 보기 드문 나그네새로 몸 윗면, 가슴, 옆구리에 검은 줄무늬가 뚜렷하다.

북방개개비. 쥐발귀개개비와 생김새가 비슷하지만 눈썹선이 더 굵고 몸 아랫면이 흰색이다.

노랑배솔새사촌. 우리나라 관찰기록이 별로 없다. 눈썹선과 몸 아랫면이 노란색이다.

섬개개비. 서해안과 남해안 무인도에서 주로 번식하는 국제적 보호종이다. 개개비에 비해 깃털에 회색빛이 강하고 꼬리 끝에 흰 반점이 있다.

딱새 무리

p.277~289

머리가 크고 둥글며, 빠르게 날아 공중에서 먹이를 잡고 제자리로 돌아온다.

유럽, 아시아, 아프리카에 주로 분포하며, 우리나라에서는 솔딱새과 32종이 보인다. 이 중 바다직박구리와 꼬까직박구리는 덩치가 크고 습성에 차이가 있어서 지빠귀 무리에서 소개했다. 우리나라에서 대표적으로 번식하는 딱새와 검은딱새는 전국에서 볼 수 있고 나머지 종은 드물게 보이거나 이동기에만 보인다.

머리가 크고, 부리는 넓고 납작한 편이지만 끝이 살짝 휘고 뾰족하다. 코 주변에 뻣뻣한 긴 수염이 있어서 날면서 먹이를 잡는 데 도움이 된다. 주로 숲에서 살며 다리가 가늘고 연약한 편이다. 종별로 깃털 색이 매우 다양하며 주로 수컷이 암컷에 비해 아름답다. 암컷은 대부분 갈색이다. 새끼 때는 지빠귀 무리처럼 갈색에 검은 점무늬가 있는 종이 많고, 1년생의 깃털은 암컷 어른새 깃털과 비슷하다. 다리 앞쪽이 매끈하지 않고 비늘처럼 거칠다.

이 무리에 속한 종이 많은 만큼 서식하는 환경이나 습성도 다양하다. 숲 속, 풀밭, 주거지 등에서 살며, 날개가 다소 긴 편이어서 편히 쉴 때는 날개를 늘어뜨린 것처럼 보이기도 한다. 일부 종은 땅 위를 뛰어다니면서 먹이를 사냥하지만 대부분은 저마다 정해진 횟대를 차지하고 앉아 있다가 먹이가 나타나면 날아가 공중에서 사냥하고 다시 횟대로 돌아오는 습성이 있다. 종에 따라 꼬리를 치켜세우기도 하고 고개를 길게 내밀기도 한다. 대부분 일부일처제이지만 일부다처제인 소수 종은 암컷들이 함께 새끼를 기르기도 하며, 짝짓기하려고 수컷이 암컷에게 먹이를 물어다 주거나 아름답게 노래하기도 한다. 그러나 대부분 종은 거칠거나 단조롭게 울어댄다. 또 어떤 종은 자신의 깃털을 보여 주고자 몸을 세우기도 하며, 어떤 종은 사냥할 때나 노래할 때 돌이 부딪히는 것처럼 "딱딱" 소리를 낸다.

둥지는 나무 구멍, 절벽, 바위틈 등 다양한 곳에 만들며 일부 종은 암컷이 둥지를 만들지만, 대부분은 암수가 함께 만든다. 둥지는 식물을 이용해 밥그릇 모양으로 만들고 알을 4~7개 낳는다. 번식기에 수컷은 아침과 저녁에 다양한 소리로 자신의 영역을 주장한다. 완전한 어른새의 깃을 갖추는 데 2년 이상 걸리는 종도 있으나 대부분 종은 태어난 이듬해에 번식이 가능하다. 주로 곤충을 먹지만 나무 열매도 좋아한다. 주로 이동기에 숲 가장자리, 간척지, 농경지 등에서 드물게 보이고 서해안 섬 지역에서는 비교적 쉽게 볼 수 있다.

딱새 종류와 울새 종류의 평균 수명은 10년, 사막딱새 종류는 8년으로 알려졌다.

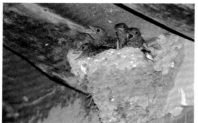

딱새 둥지. 딱새는 천적을 피해 인가 주변에서 번식하는데, 제비집을 이용했다.

검은딱새 둥지. 주로 하천이나 농경지 주변의 풀밭에 둥지를 만든다.

큰유리새 둥지. 계곡 바위틈에 이끼로 둥지를 만든다.

흰눈썹황금새 둥지. 교란이 적고 우거진 산림의 빈 딱다구리 둥지에서 번식했다.

제비딱새 종류의 입 주변 털: 날면서 곤충을 잡기 때문에 눈을 보호하고 입에 곤충이 잘 들어오도록 가시 같은 털이 나 있다.

진홍가슴 수컷. 봄과 가을 이동기에 섬 지역 초지와 덤불에서 드물게 보인다.

부채꼬리바위딱새 수컷과 암컷. 2006년 1월 13일 충남 계룡 소하천에서 암컷이 처음 관찰된 이후 제주, 대전, 광주, 강릉, 산청 등에서 관찰되었다.

꼬까울새. 유럽에서는 매우 흔하지만 우리나라에서는 2006년 3월 전남 홍도에서 처음 관찰되었고, 이후 충남 외연도, 서울 암사동에서만 관찰되었다.

흰눈썹울새. 봄과 가을 이동기에 섬 지역의 초지와 습지에서 드물게 보인다.

흰꼬리딱새. 꼬리깃 주변에 흰 부분이 있어 붙여진 이름이다. 수컷은 멱에 주황색 부분이 있다. 보기 어려운 나그네새다.

박새, 오목눈이 무리

p.290~302

야산이나 마을 주변에 많으며, 크기가 참새만 하거나 그보다 작다.

우리나라에서는 박새과 6종을 비롯해 오목눈이, 붉은머리오목눈이, 스윈호오목눈이, 동고비, 동박새, 굴뚝새 등이 보이며, 전국의 야산, 산림, 주거지, 농경지, 하천에서 쉽게 볼 수 있다.

박새 무리는 전 세계에 분포하고 이동성이 낮아 대부분 종이 텃새다. 머리가 검고 멱에 검은 줄무늬가 있다. 부리는 짧고 두툼하며 끝이 뾰족하다. 암수의 생김새가 비슷한 종이 많다. 환경적응력이 뛰어난 편이어서 인공 둥지를 잘 이용한다. 둥지는 식물을 이용해 밥그릇 모양으로 만들고 종에 따라 알을 6~10개 낳으며 12~13일 동안 품는다. 곤충, 씨앗, 작은 열매 등을 먹는다. 최장 수명은 14년으로 알려졌다.

오목눈이 무리는 꼬리가 길며 머리와 몸이 둥글다. 부리는 작지만 두툼하고 강하다. 암수 생김새가 비슷하다. 매우 활발한 산림성 새이지만 겨울에는 공원에서도 흔히 보인다. 이끼로 긴 주머니 모양 둥지를 만들고 입구를 좁게 내어 천적에게서 알과 새끼를 보호한다. 알은 7~11개 낳고 13~15일 동안 품는다. 곤충, 거미, 씨앗 등을 먹는다. 최장 수명은 11년으로 알려졌다.

붉은머리오목눈이는 꼬리치레과에 속하는 작은 새로 '뱁새'라고도 부른다. 전체적으로 적갈색이고 꼬리가 길다. 부리는 작고 약간 넓적하며 끝이 밝다. 번식기 이후에는 무리 지어 생활하며 덤불에서 줄지어 이동하는 습성이 있다. 관목이나 갈대가 우거진 곳에 식물과 이끼로 둥지를 만들고 연 2회 번식하기도 한다. 알을 4~6개 낳고 13~14일 동안 품는다. 사초과나 벼과의 씨앗, 곤충, 거미 등을 먹는다. 수명은 알려지지 않았다.

스윈호오목눈이는 스윈호오목눈이과에 속하며 부리가 매우 뾰족하다. 눈선이 굵고 뚜렷하며, 수컷 눈선은 검은색, 암컷 눈선은 갈색이다. 주로 관목과 갈대가 자라는 수변을 좋아하며 갈대 속에 있는 애벌레나 거미를 먹는다. 우리나라에서는 번식하지 않는 겨울철새다. 최장 수명은 7년으로 알려졌다.

나무발발이는 나무발발이과에 속하며 주로 온대와 아한대 산림지역에 서식한다. 우리나라에서는 보기 드문 겨울철새다. 몸 윗면은 갈색 바탕에 흰색 또는 검은색 점무늬가 있고 암수의 생김새가 비슷하다. 부리는 뾰족하고 아래로 휘었다. 추운 날에는 여러 마리가 뭉쳐서 밤을 지내기도 한다.

동고비는 동고비과에 속하며 몸 윗면은 청회색이고 검은색 눈선이 뚜렷하다. 꼬리는 짧고 옆구리와 아래꼬리덮깃은 적갈색이다. 딱따구리가 사용한 둥지나 인공 구조물의 공간을 둥지로 이용하며, 입구가 클 경우에는 흙과 식물을 덧대어 작게 만든다. 알을 6~9개 낳고 15~16일 동안 품는다. 주로 나무에 거꾸로 매달려서 곤충이나 거미를 잡아먹고 가끔 나무 열매를 먹기도 한다. 우리나라 남부 지역에서는 서식 밀도가 낮은 편이다. 최장 수명은 13년으로 알려졌다.

동박새는 동박새과에 속하는 새로 몸 윗면은 녹색이고 멱은 밝은 노란색이다. 굵은 흰색 눈테가 있고 옆구리는 연한 적갈색이다. 부리는 뾰족하고 아래로 약간 휘었다. 주로 남해안과 섬 지역에서 보이고 최근 중부 지역에서도 번식이 확인되었다. 둥지는 식물과 이끼로 나무 위에 작은 밥그릇 모양으로 만들며 알은 4개 정도 낳고 12일 정도 품는다. 곤충, 거미, 열매 등을 먹고 겨울에는 동백꽃과 같은 꽃의 꿀을 빨기도 한다. 수명은 최장 5년으로 알려졌다.

굴뚝새는 굴뚝새과에 속하며 몸이 작고 둥글며 전체적으로 짙은 갈색에 검은 줄무늬가 있다. 짧은 꼬리를 자주 위로 치켜 올리는 습성이 있다. 날개는 짧고 둥글며 먼 거리를 날지 않고 땅 위나 바위 사이를 오가며 곤충이나 거미를 사냥한다. 번식기에 수컷은 큰 소리로 아름답게 노래한다. 일부다처제로 번식하며, 산림 계곡의 바위틈, 나무뿌리, 돌 틈 등에 이끼로 원형 둥지를 만들고 매우 작게 입구를 낸다. 알을 4~6개 낳고 14~15일 동안 품는다. 수명은 약 7년으로 알려졌다.

박새 둥지. 바위틈이나 나무 구멍에서 번식하지만 천적을 피해 주거지 주변 구조물에서도 번식한다.

붉은머리오목눈이 둥지. 잎이 무성한 여름에는 찾기 어려우나 낙엽이 떨어진 겨울이 되면 잘 보인다.

오목눈이 둥지. 이끼와 거미줄로 긴 주머니처럼 만들기 때문에 탁란당하지 않는다.

스윈호오목눈이 가락지. 2014년 11월 22일 일본 후쿠오카에서 가락지를 부착했던 1년생 수컷이 2015년 4월 25일 경남 하동에서 촬영되어 이동경로 및 월동 정보가 수집되었다.

붉은머리오목눈이 먹이 활동. 겨울에는 주로 사초과나 벼과의 작은 씨앗을 먹는데, 강아지풀 씨앗을 부리와 발가락으로 껍데기를 벗겨 먹기도 한다.

동고비 둥지. 덩치 큰 딱다구리 둥지의 입구에 진흙을 덧대 자기 몸 크기에 맞게 만들어 사용한다.

굴뚝새 둥지. 천적이 접근하기 어렵게 물이 많은 계곡 절벽에 이끼로 은밀한 둥지를 만든다.

되새, 참새 무리

p.303~311

머리에 비해 부리가 무척 크고, 꼬리가 오목한 쐐기형이다.

우리나라에서는 되새과 16종, 참새과 3종이 보인다. 되새 종류는 열매와 씨앗을 먹으며, 선호하는 먹이에 따라 크고 두툼한 부리, 더욱 작고 뾰족한 부리, 심지어 솔방울 씨앗을 파먹기 좋게 끝이 어긋난 부리까지 부리 생김새가 다양하다. 진화론의 기초가 된 핀치새가 바로 되새 무리의 일종이다. 수컷은 깃털이 매우 화려한 반면에 암컷은 갈색으로 단조로우며, 암컷은 종간 구별이 어려운 경우도 있다. 참새 종류는 몸이 갈색이고 멱에 검은 반점이 있으며 암수 생김새가 비슷하다.

되새 종류는 입 안쪽에 독특한 홈이 있어 씨앗을 입안에 단단하게 고정시키고 혀와 부리로 껍질을 벗겨 먹을 때 편하다. 또한 대부분 섬유질이 많고 단단한 씨앗을 먹기 때문에 두개골과 부리가 튼튼하고 모래주머니의 근육이 매우 발달했다. 한편 솔잣새는 하루에 소나무 씨앗을 3,000개 이상 먹으며, 목에 작은 주머니가 있어 씨앗을 임시로 저장할 수 있다.

되새 종류는 번식기가 되면 수컷이 세력권을 형성하고 아름답게 노래해 암컷을 유혹하며, 때로는 날개의 커다랗고 예쁜 반점을 보이며 유혹하기도 한다. 암컷은 수컷에게 날개를 떨며 화답하고 먹이를 요청하면 수컷이 암컷에게 먹이를 먹여 주면서 짝짓기한다. 주로 암컷이 나뭇가지나 바위틈에 컵 모양으로 둥지를 만들고 알을 3~5개 낳아 12~14일 동안 품는다. 어미는 새끼에게 씨앗을 통째로 먹이지 않고 자신이 반쯤 소화시킨 씨앗을 먹이거나 작은 절지동물을 먹인다. 겨울에는 씨앗에 의존할 수밖에 없는데, 먹을 게 적어지면 본래 서식 범위에서 크게 벗어나 이동하기도 한다.

참새는 인간과 공생한다고 할 정도로 전 세계 도심에서도 어렵지 않게 볼 수 있다. 이동성이 적어 텃새로 한곳에 머물러 사는 종이 많다. 참새 종류의 둥지는 인가 건물, 돌담, 인공 구조물 틈의 식물, 헝겊, 비닐 등으로 만든다. 알을 4~7개 낳고 12~14일 동안 품는다. 씨앗, 곤충, 거미, 과일까지 광범위하게 먹는다. 적응력이 뛰어나 분포범위가 넓어졌으며, 유럽에 주로 서식하던 집참새가 시베리아 횡단 열차의 곡물칸을 타고 극동 러시아까지 이동했다고 한다.

되새 종류의 수명은 10년 정도이고 최장 17년까지 산 기록이 있다. 참새 종류의 수명은 12~14년이다.

되새. 20개체에서 많게는 수만 마리까지 무리를 이루어 겨울을 나기도 한다.

콩새의 먹이 먹기. 되새 종류는 입안의 홈에 단단한 씨앗을 고정시키고 껍질을 벗겨 먹는다.

솔잣새. 솔방울이나 잣을 꺼내기 쉽도록 부리 끝이 서로 어긋났다. 매우 보기 어려운 겨울철새다.

붉은양진이. 수컷은 붉은색이지만 암컷은 갈색이다. 주로 섬 지역에서 보인다.

갈색양진이. 겨울에 높은 산 정상에서 매우 드물게 보인다.

멧새 무리

p.312~325

주로 땅에 엎드려 먹이를 찾고, 부리는 삼각형이며 끝이 뾰족하다.

　우리나라에서는 멧새과 25종, 바위종다리과 2종이 보인다. 노랑턱멧새, 멧새, 쑥새, 북방검은머리쑥새, 멧종다리는 계절에 따라 전국의 간척지, 산림, 농경지에서 볼 수 있지만, 대부분 종은 내륙에서는 보기 어렵고 이동기에 섬 지역과 서해안에서 좀 더 쉽게 볼 수 있다. 바위종다리는 겨울철 산 정상의 바위에서 볼 수 있다.

　멧새 종류는 참새와 비슷하게 생겼지만 깃털이 줄무늬 많은 적갈색인 종이 많고, 회색, 검은색, 노란색을 띠는 종도 있다. 번식기에는 수컷이 화려해 암수가 구별되며, 어린새의 깃털은 암컷과 비슷하다. 꼬리깃이 긴 편이며, 바깥 꼬리깃은 흰색이다. 주로 땅에서 먹이를 찾기 때문에 다리가 튼튼하다.

　번식기에 수컷은 높은 곳에 앉아 아름답게 노래하며 세력권을 주장하고 암컷을 유혹한다. 번식기에는 곤충이나 거미를 먹기도 한다. 비번식기와 이동기에는 큰 무리를 이루어 생활한다. 우리나라에서 번식하는 종은 노랑턱멧새와 멧새뿐이지만 환경이 훼손되어 번식 개체수가 많지 않다. 주로 우거진 풀숲의 땅 위에 잘 보이지 않게 둥지를 만들지만 간혹 나무 위, 바위틈에 만들기도 한다. 둥지는 주변에서 구하기 쉬운 식물로 밥그릇 모양으로 만든다. 알은 붉은색, 청회색, 검은 반점이 있는 것도 있으며 4~6개 낳아 12~14일 동안 품는다. 대부분 새끼에게 곤충이나 거미 같은 무척추동물을 먹인다.

　이동기와 월동지에서 큰 무리를 이루는 특성이 있어 밀렵으로 위협받는 종이 많다. 특히 회색머리멧새는 유럽에서 귀족의 음식으로, 검은머리촉새는 중국에서 근거 없는 보양식으로 알려지면서 밀렵이 급증했고, 무당새는 예쁘게 생겨서 애완용으로 밀렵한다. 이 세 종은 최근 10년 사이에 전 세계 개체군의 절반 이상이 감소했다. 회색머리멧새는 우리나라에서는 관찰기록이 거의 없어 관리대상에는 제외되어 있지만 무당새와 검은머리촉새는 멸종위기야생생물 Ⅱ급으로 지정, 보호하고 있다.

　멧새 종류의 수명은 8~10년으로 알려졌다.

노랑턱멧새 둥지. 산림의 풀밭이나 덤불 속 땅 위에 둥지를 만든다.

멧새 둥지. 최근에는 산림 번식 개체군은 거의 없고 강원도 하천 주변 초지에서 번식한다.

쇠검은머리쑥새 둥지. 2015년 경기도 안산에서 우리나라에서는 처음으로 번식이 확인되었다.

긴발톱멧새. 겨울철새로 대규모 농경지, 간척지의 풀밭에 종다리와 함께 큰 무리가 나타나기도 한다.

노랑눈썹멧새. 나그네새로 서해안 섬 지역에서 드물게 보인다. 노란 눈썹이 특징이다.

무당새. 세계적으로 개체수가 매우 적다. 우리나라에서는 봄과 가을 이동기에 섬 지역에서 드물게 보인다.

흰멧새. 북극권이 주요 서식지이며, 우리나라에서는 겨울에 매우 드물게 보인다.

물새

/

물 위에서
생활하는 새

·

수상조류

아비

크기: 60~68㎝ / 보이는 곳: 해안, 저수지, 하구 / 도래유형: 겨울철새 / 보이는 때: 10~3월 / 먹이: 물고기, 갑각류 / 암수 구별이 어렵다.

비번식깃

몸 윗면의 작은 흰색 반점이
V 자 모양이다.

비번식깃

목 뒤쪽까지 흰색 깃털이 넘어간다.

큰회색머리아비

크기: 72~78㎝ / **보이는 곳:** 해안, 하구 / **도래유형:** 겨울철새 / **보이는 때:** 10~3월 / **먹이:** 물고기, 갑각류 / 암수 구별이 어렵다.

비번식깃

이마가 튀어나왔다.

옆구리 뒤쪽에 항상 흰색 깃털이 보인다.

번식깃

부리가 휘지 않고 곧다.

논병아리

크기: 25~27㎝ / **보이는 곳:** 하천, 호수, 저수지, 연못 / **도래유형:** 텃새 / **보이는 때:** 일 년 내내 /
먹이: 물고기, 갑각류, 곤충 / 암수 구별이 어렵다.

비번식깃

홍채가 연한 노란색이다.

번식깃

뺨과 목은 적갈색이다.

검은목논병아리

크기: 28~32㎝ / 보이는 곳: 해안, 항구, 하구 / 도래유형: 겨울철새 / 보이는 때: 10~3월 / 먹이: 물고기, 갑각류, 곤충 / 암수 구별이 어렵다.

비번식깃

머리의 검은색과 뺨의 흰색 경계가 뚜렷하지 않다.

목은 갈색이거나 검은색이다.

번식깃

적갈색 귀깃이 부채 모양으로 넓다.

뿔논병아리

아비, 논병아리, 가마우지 무리
논병아리과

크기: 52~56㎝ / 보이는 곳: 저수지, 하천, 해안 / 도래유형: 겨울철새 또는 텃새 / 보이는 때: 일년 내내 / 먹이: 물고기, 갑각류, 양서류, 곤충 / 암수 구별이 어렵다.

비번식깃

검은색 뿔처럼 깃이 남아 있다.

목은 흰색이며 가늘고 길다.

번식깃

귀깃은 적갈색이고 머리와 목 경계는 검은색 깃털이 길게 나 있다.

민물가마우지

크기: 80~92㎝(날개폭 130㎝) / 보이는 곳: 해안, 내륙하천, 하구 / 보이는 때: 일 년 내내 / 도래유형: 겨울철새 또는 텃새 / 먹이: 물고기, 갑각류 등 / 암수 구별이 어렵다.

비번식깃

아랫부리는 색이 밝다.

몸 뒤쪽이 물에 잠기는 경우가 많다.

날개깃은 광택이 있으며 검은색에 가까운 갈색이다.

번식깃

허벅지에 흰색 깃털이 있다.

번식깃

목에 비해 몸 윗면은 갈색 기운이 강하다.

목에 흰색 깃털이 있다.

민물가마우지는 노란색 구각이 넓고 테두리가 완만하다.

민물가마우지

가마우지는 노란색 구각의 테두리가 각이 져 뾰족하다.

가마우지

흰죽지

크기: 43~46㎝ / 보이는 곳: 저수지, 간척지, 하구, 해안 / 도래유형: 겨울철새 / 보이는 때: 10~3월 / 먹이: 수서곤충, 물고기, 갑각류, 조개

수컷

머리는 적갈색이다.

등과 날개는 흰색이다.

암컷

흰색 눈테와 눈선이 있다.

등과 날개는 밝은 회색이다.

댕기흰죽지

크기: 40~42㎝ / 보이는 곳: 저수지, 간척지, 하구, 해안 / 도래유형: 겨울철새 / 보이는 때: 10~3월 / 먹이: 수서곤충, 물고기, 갑각류, 조개

수컷

머리는 검은색이고 댕기깃이 있다.

옆구리와 배는 흰색이다.

암컷

머리에 짧은 댕기깃이 있다.

옆구리와 배는 밝은 갈색이다.

검은머리흰죽지

크기: 42~46㎝ / 보이는 곳: 하구, 해안, 갯벌 / 도래유형: 겨울철새 / 보이는 때: 10~3월 / 먹이: 수서곤충, 물고기, 갑각류, 조개

수컷

머리는 청록색이며 댕기깃이 없다.

등은 물결무늬가 있는 흰색이다.

어린새

얼굴 앞쪽에 넓은 흰색 부분이 있다.

암컷

얼굴 앞쪽에 넓은 흰색 부분이 있다.

등은 갈색 바탕에 가늘고 흰 줄무늬가 있다.

댕기흰죽지

부리 끝의 검은색 반점이 넓고 크다.

검은머리흰죽지

부리 끝의 검은색 반점이 좁고 작다.

86

흰줄박이오리

크기: 39~43cm / 보이는 곳: 해안 / 도래유형: 겨울철새 / 보이는 때: 10~3월 / 먹이: 연체동물, 갑각류, 물고기, 조개

수컷

목 뒤와 가슴에 흰 줄무늬가 있다.

옆구리는 적갈색이다.

암컷

귀깃에 크고 흰 반점이 있다.
전체적으로 흑갈색이다.

흰뺨오리

크기: 43~46㎝ / 보이는 곳: 저수지, 하구, 해안 / 도래유형: 겨울철새 / 보이는 때: 10~3월 / 먹이: 연체동물, 갑각류, 물고기, 조개

수컷

뺨에 둥글고 큰 흰색 무늬가 있고
머리는 청록색이다.

암컷

부리 끝에 노란 반점이 있다.

머리는 짙은 갈색이다.

비오리

크기: 63~66㎝ / 보이는 곳: 저수지, 하천, 하구, 해안 / 도래유형: 겨울철새, 일부 드문 텃새 / 보이는 때: 주로 10~3월 / 먹이: 물고기, 갑각류, 연체동물

수컷

머리가 짙은 청록색이어서 검게 보인다.

가슴과 옆구리는 흰색이다.

암컷

뒷목까지 짧은 댕기깃이 있다.

목의 갈색과 흰색의 경계가 뚜렷하다.

바다비오리

크기: 52~58㎝ / 보이는 곳: 해안, 하구 / 도래유형: 겨울철새 / 보이는 때: 10~3월 / 먹이: 물고기, 갑각류, 연체동물

수컷

긴 댕기깃이 여러 가닥 있다.

가슴은 적갈색이고 검은색 반점이 있다.

암컷

홍채가 붉은색이다.

목의 갈색과 흰색의 경계가 뚜렷하지 않다.

흰비오리

크기: 39~43㎝ / 보이는 곳: 하천, 저수지, 하구 / 도래유형: 겨울철새 / 보이는 때: 10~3월 / 먹이: 물고기, 갑각류, 연체동물

수컷

머리에 흰색과 검은색 짧은 댕기깃이 있다.

전체적으로 흰색이다.

암컷

뺨에 넓은 흰색 부분이 있다.

전체적으로 회색이다.

큰고니

크기: 135~145㎝ / 보이는 곳: 간척지, 하구, 해안 / 도래유형: 겨울철새 / 보이는 때: 10~3월 /
먹이: 물고기, 양서류, 파충류, 작은 새, 곤충 / 암수 구별이 어렵다.

어른새

부리가 긴 편이고 콧구멍 근처까지
노란색이 내려온다.

어린새

부리에 분홍색이 있다.

전체적으로 회색이다.

큰기러기

크기: 83~90㎝ / 보이는 곳: 간척지, 논, 저수지 / 도래유형: 겨울철새 / 보이는 때: 10~3월 / 먹이: 곡식, 잎, 물풀 / 암수 구별이 어렵다.

어른새

부리에 노란색 무늬가 있다.

어른새

배는 연한 갈색이다.

쇠기러기

크기: 63~75㎝ / **보이는 곳**: 간척지, 논, 저수지 / **도래유형**: 겨울철새 / **보이는 때**: 10~3월 / **먹이**: 곡식, 잎, 물풀 / 암수 구별이 어렵다.

어른새

부리는 분홍색이고
이마는 흰색이다.

어른새

나이가 들수록
배에 굵고 검은
줄무늬가 많아진다.

황오리

크기: 57~64㎝ / 보이는 곳: 간척지, 논, 저수지 / 도래유형: 겨울철새 / 보이는 때: 10~3월 / 먹이: 곡식, 잎, 물풀

수컷

암수 모두 몸이 적갈색이다.

목에 검은색 띠가 있다.

암컷

얼굴의 흰색 경계가 뚜렷하다.

목에 검은색 띠가 없다.

혹부리오리

크기: 58~63㎝ / 보이는 곳: 갯벌, 하구 / 도래유형: 겨울철새 / 보이는 때: 10~3월 / 먹이: 갑각류, 연체동물, 해조류

어른새

부리 전체가 붉고 이마 쪽에 혹이 나 있으며
번식기에 수컷은 혹이 커져 암수 구분이 가능하다.

어른새

가슴에 넓은 적갈색 띠가 있다.

흰뺨검둥오리

크기: 58~63㎝ / 보이는 곳: 하천, 저수지, 호수, 습지 / 도래유형: 텃새 또는 겨울철새 / 보이는 때: 일 년 내내 / 먹이: 수초, 곡식, 수서곤충, 갑각류

수컷

암수 모두
부리 끝이 노랗다.

위꼬리덮깃이 짙은 검은색이다.

암컷

위꼬리덮깃의
검은색이 연하다.

청둥오리

크기: 52~60㎝ / 보이는 곳: 하천, 저수지, 호수, 습지 / 도래유형: 겨울철새 또는 텃새 / 보이는 때: 주로 10~3월 / 먹이: 수초, 곡식, 수서곤충, 갑각류

수컷

머리는 광택이 있는 청록색이다.

꼬리덮깃이 위로 말렸다.

암컷

노란색 부리에 검은색 큰 반점이 있다.

둘째날개깃이 푸른색이다.

쇠오리

크기: 34~38㎝ / 보이는 곳: 하천, 저수지, 호수 / 도래유형: 겨울철새 / 보이는 때: 10~3월 / 먹이: 곡식, 수초, 갑각류, 연체동물

수컷

머리는 적갈색이고
눈 뒤는 초록색이다.

몸 옆에 흰색 가로 줄이 있다.

암컷

눈 뒤까지 검은색 눈선이 있다.

부리 가장자리가 연한 노란색이다.

고방오리

크기: ♂61~76㎝, ♀54~57㎝ / 보이는 곳: 하천, 하구, 저수지, 갯벌 / 도래유형: 겨울철새 / 보이는 때: 10~3월 / 먹이: 수초, 곡식, 갑각류, 연체동물

수컷

앞가슴의 흰색이 뒷목까지 이어진다.

꼬리깃이 매우 길다.

암컷

다른 암컷 오리에 비해 꼬리깃이 길다.

목이 가늘고 길며 눈이 작아 보인다.

원앙

크기: 41~48㎝ / 보이는 곳: 여름-산림부 계곡, 겨울-저수지, 하천, 농경지 / 보이는 때: 일 년 내내 / 도래유형: 텃새 또는 겨울철새 / 먹이: 갑각류, 연체동물, 나무열매

수컷

셋째날개깃이 부채처럼 크고 화려하다.

부리는 항상 붉다.

수컷 변환깃

암컷(아래)과 비슷하지만 부리가 붉은색이다.

흰색 눈선이 뒤로 길게 뻗는다.

암컷

부리는 전체적으로 검은색이다.

넓적부리

크기: 44~52㎝ / 보이는 곳: 저수지, 하천, 호수, 하구 / 도래유형: 겨울철새 / 보이는 때: 10~3월 / 먹이: 플랑크톤, 갑각류, 수초

수컷

부리는 검고 주걱 모양이다.

배와 옆구리에 넓은 적갈색 무늬가 있다.

암컷

부리는 넓적하며, 노란색 바탕에 검은 반점이 있다.

알락오리

크기: 48~53㎝ / 보이는 곳: 하구, 저수지, 해안 / 도래유형: 겨울철새 / 보이는 때: 10~3월 / 먹이: 씨앗, 곡식, 수초, 갑각류

수컷

머리는 회색이며 검은색 잔 점이 있다.

가슴과 옆구리에
줄무늬가 있다.

암컷

머리 위가 둥글지 않고 납작하다.

부리 위쪽은 검은색이고
가장자리는 연한 주황색이다.

홍머리오리

크기: 42~50㎝ / **보이는 곳:** 하구, 해안, 하천 / **도래유형:** 겨울철새 / **보이는 때:** 10~3월 / **먹이:** 씨앗, 수초, 해조류

수컷

머리는 적갈색이며
이마와 정수리는 연한 노란색이다.

암컷

몸은 적갈색이고 눈 주변이 검다.

부리 끝은 검은색이다.

청머리오리

크기: 47~50㎝ / **보이는 곳**: 저수지, 하천, 해안, 하구 / **도래유형**: 겨울철새 / **보이는 때**: 10~3월 / **먹이**: 수초, 갑각류, 연체동물

수컷

뒷머리깃이 길고 광택이 있는 청록색이다.

셋째날개깃이 낫 모양으로 늘어져 있다.

암컷

뒷머리와 정수리가 수컷처럼 튀어 나왔다.

부리는 균일한 검은색이다.

가창오리

크기: 39~43㎝ / 보이는 곳: 저수지, 호수, 농경지 / 도래유형: 겨울철새 / 보이는 때: 10~3월 /
먹이: 곡식, 수초, 갑각류, 연체동물

수컷

얼굴에 녹색, 노란색,
검은색이 혼합된 무늬가 있다.

어깨에 적갈색 깃털이
늘어져 있다.

암컷

눈 뒤쪽으로만 검은색 눈선이 있다.

부리 기부에 흰 반점이 있다.

괭이갈매기

크기: 46~52㎝ / 보이는 곳: 갯벌, 해안, 하구 / 도래유형: 텃새 / 보이는 때: 일 년 내내 / 먹이: 물고기, 해양 무척추동물 / 암수 구별이 어렵다.

어른새

부리 끝에 붉은색 반점이 있다.

몸 윗면은 어두운 회색이다.

다리는 선명한 노란색이다.

어린새

날개깃은 갈색이다.

부리 끝 검은색 경계가 뚜렷하다.

재갈매기

크기: 55~67㎝ / 보이는 곳: 갯벌, 해안, 하구 / 도래유형: 겨울철새 / 보이는 때: 10~3월 / 먹이: 물고기, 해양 무척추동물 / 암수 구별이 어렵다.

어른새 비번식깃

눈테는 붉은색이다.

몸 윗면은 청회색이다.

어른새(아성조)

몸 윗면은 청회색이고 얼룩무늬가 남아 있다.

첫째날개깃은 검은색이다.

다리는 분홍색이다.

어른새 번식깃

머리와 목에 무늬가 없다.

어린새

큰날개덮깃에 갈색 반점이 많다.

첫째날개깃은 검은색이다.

큰재갈매기

크기: 55~68㎝ / 보이는 곳: 갯벌, 해안, 하구 / 도래유형: 겨울철새 / 보이는 때: 10~3월 / 먹이: 물고기, 해양 무척추동물 / 암수 구별이 어렵다.

어른새

눈 주변이 어두워 사납게 보인다.

몸 윗면은 흑회색이다.

어른새(아성조)

눈 주변이 어둡다.

몸 윗면에 흑회색이 보이기 시작한다.

어린새

큰날개덮깃에 무늬가 없거나 매우 적다.

첫째날개깃은 밝은 갈색이거나 흰색이다.

한국재갈매기

크기: 55~67㎝ / 보이는 곳: 갯벌, 해안, 하구 / 도래유형: 텃새 / 보이는 때: 주로 10~3월 / 먹이: 물고기, 해양 무척추동물 / 암수 구별이 어렵다.

개체 식별표를 부착한 어른새

이마가 각졌다.

AB 48

다리는 연한 분홍색이거나 노란색 기운이 있다.

어린새

몸 윗면에는 닻처럼 생긴 무늬가 있다.

얼굴과 가슴은 흰색이다.

갈매기

갈매기 무리
갈매기과

크기: 40~46㎝ / 보이는 곳: 갯벌, 해안, 하구 / 도래유형: 겨울철새 / 보이는 때: 10~3월 / 먹이: 물고기, 해양 무척추동물 / 암수 구별이 어렵다.

어른새

노란색 부리에 검은 반점이 있다.

다리는 선명한 노란색이다.

어린새

머리에 검은 줄무늬가 있다.

큰날개덮깃은 무늬가 없고 밝은 갈색이다.

흰갈매기

크기: 62~72㎝ / **보이는 곳**: 갯벌, 해안, 하구 / **도래유형**: 겨울철새 / **보이는 때**: 10~3월 / **먹이**: 물고기, 해양 무척추동물 / 암수 구별이 어렵다.

어른새

갈매기 종류 중에서 몸 윗면이 가장 밝다.

첫째날개깃은 흰색에 가까운 청회색이다.

어른새(아성조)

몸 윗면은 밝은 청회색이 나타난다.

첫째 날개깃은 흰색이다.

어린새

몸 윗면은 개체마다 다른 농도의 갈색 점이 있다.

부리 끝 검은색의 경계가 뚜렷하다.

첫째날개깃은 흰색이다.

붉은부리갈매기

크기: 37~46㎝ / 보이는 곳: 갯벌, 해안, 하구 / 도래유형: 겨울철새 / 보이는 때: 10~3월 / 먹이: 물고기, 곤충, 해양 무척추동물 / 암수 구별이 어렵다.

어른새 비번식깃

부리가 붉은색이다.

첫째날개깃은 검은색이다.

어른새 번식깃

머리의 검은색이 정수리를 넘지 않는다.

첫째날개깃은 검은색이다.

어린새

검은색 귀깃이 있다.

날개덮깃에 갈색 무늬가 있다.

검은머리갈매기

크기: 29~33㎝ / 보이는 곳: 갯벌, 해안, 하구, 주로 서남해안 / 도래유형: 여름철새 또는 텃새 /
보이는 때: 4~10월 / 먹이: 물고기, 해양 무척추동물 / 암수 구별이 어렵다.

어른새 번식깃

머리와 목은 검은색이다.

첫째날개깃에 흰 반점이 있다.

어린새

부리는 검은색이다.
붉은부리갈매기 어린새는 분홍색이다.

어른새 비번식깃

부리는 검은색이다.

첫째날개깃에 흰 반점이 있다.

세가락갈매기

크기: 37~42㎝ / 보이는 곳: 해안, 하구, 대부분 동해안 / 도래유형: 겨울철새 / 보이는 때: 10~3월 / 먹이: 물고기, 해양 무척추동물 / 암수 구별이 어렵다.

어른새 비번식깃

귀깃은 검은색이다.

부리는 녹색이 도는 노란색이다.

어른새 번식깃

머리가 흰색이다.

어른새

첫째날개깃은 검은색이다.

다리는 짧고 검은색이다.

소제비갈매기

크기: 22~28㎝ / 보이는 곳: 갯벌, 해안, 하구 모래와 자갈이 많은 환경 / 도래유형: 여름철새 /
보이는 때: 5~9월 / 먹이: 물고기, 갑각류, 해양 무척추동물 / 암수 구별이 어렵다.

어른새 번식깃

이마는 흰색이다.

부리는 노란색이고
끝에 검은 반점이 있다.

어른새 번식깃

꼬리가 제비꼬리처럼 갈라졌다.

물새

/

물가에서
생활하는 새

·

수변조류

덤불해오라기

크기: 32~40㎝ / 보이는 곳: 저수지, 수로, 습지 / 도래유형: 여름철새 / 보이는 때: 5~10월 / 먹이: 물고기, 양서류, 곤충

어린새

홍채 전체가 노란색이다.

암컷 목의 갈색 줄무늬가
수컷보다 선명하다.

수컷

머리 위에 흑청색 깃털이 있다.

다리는 가늘고 길어 수초 위나
갈대를 잡고 이동 한다.

해오라기

크기: 52~58㎝ / 보이는 곳: 논, 하천, 저수지 / 도래유형: 여름철새 / 보이는 때: 5~10월 / 먹이: 물고기, 양서류, 파충류, 곤충 / 암수 구별이 어렵다.

어른새

홍채가 붉은색이다.

머리와 등은 흑청색이다.

어린새

전체적으로 갈색이고
날개와 등에 크고 흰 반점이 있다.

검은댕기해오라기

크기: 45~51㎝ / 보이는 곳: 하천, 논 / 도래유형: 여름철새 / 보이는 때: 5~10월 / 먹이: 물고기, 양서류, 파충류, 곤충 / 암수 구별이 어렵다.

어른새

등은 회색이고
머리에 댕기깃이 있다.

어린새

머리 위가 검은색이다.

전체적으로 회색이고
날개에 흰 반점이 있다.

황로

크기: 48~55㎝ / 보이는 곳: 논, 초지, 목장, 습지 / 도래유형: 여름철새 / 보이는 때: 5~10월 / 먹이: 곤충, 거미, 양서류, 어류 / 암수 구별이 어렵다.

번식깃

머리와 목이 노란색이다.

비번식깃

부리가 짧고 노란색이다.

목이 짧고 굵은 느낌이다.

쇠백로

크기: 58~63㎝ / 보이는 곳: 논, 하구, 하천, 해안 / 도래유형: 여름철새 또는 텃새 / 보이는 때:
일 년 내내 / 먹이: 물고기, 양서류, 파충류, 곤충 / 암수 구별이 어렵다.

비번식깃

부리는 항상 검은색이다.

번식깃

부리는 검은색이고, 눈 앞쪽이
연두색 또는 분홍색으로 변한다.

긴 댕기깃이
두 가닥 있다.

다리는 검은색이고
발가락은 노란색이다.

중백로

크기: 65~68㎝ / 보이는 곳: 논, 하천, 하구 / 도래유형: 여름철새 / 보이는 때: 5~10월 / 먹이: 물고기, 양서류, 파충류, 곤충 / 암수 구별이 어렵다.

번식깃

부리는 검은색이고
눈 앞쪽은 노란색이다.

비번식깃

부리가 노란색으로
변하고 끝만 검다.

구각이 눈 뒤를
넘지 않는다.

중대백로

크기: 80~90㎝ / **보이는 곳**: 논, 하구, 하천, 바닷가 / **도래유형**: 여름철새 또는 텃새 / **보이는 때**: 3~11월 / **먹이**: 물고기, 양서류, 파충류, 곤충 / 암수 구별이 어렵다.

번식깃

부리는 검은색이고 눈 앞쪽은 청록색이다.

다리는 밝은 노란색이나 분홍색을 띤다.

어른새

중백로와 달리 구각이 눈 뒤까지 길다.

비번식깃

부리가 노란색으로 변한다.

목은 길어서 S 자 모양이다.

대백로

크기: 90~104㎝ / **보이는 곳:** 하천, 하구, 해안 / **도래유형:** 겨울철새 / **보이는 때:** 10~4월 / **먹이:** 물고기, 양서류, 파충류, 곤충 / 암수 구별이 어렵다.

비번식깃

다리는 연한 노란색이고, 덩치가 왜가리보다 크다.

어른새

겨울철 많은 숫자가 무리를 형성한다. 왜가리(화살표)보다 덩치가 크다.

왜가리

크기: 84~102㎝ / **보이는 곳:** 논, 하천, 하구, 갯벌 / **도래유형:** 여름철새 또는 텃새 / **보이는 때:** 일 년 내내 / **먹이:** 물고기, 양서류, 파충류, 곤충 / 암수 구별이 어렵다.

번식깃

머리에 검은색 댕기깃이 있다.

몸은 밝은 회색이다.

어른새

긴 목을 접고 날아다닌다.
목에 검은 줄무늬가 있다.

126

저어새

크기: 68~75㎝ / 보이는 곳: 갯벌, 논, 하구 / 도래유형: 여름철새 / 보이는 때: 4~11월 / 먹이: 물고기, 양서류, 갑각류 / 암수 구별이 어렵다.

번식깃

뒷머리에 긴 장식깃이 나고, 가슴에 노란색 띠가 생긴다.

번식깃

부리 전체가 검은색이고 눈 주변과 앞쪽의 검은색은 부리와 연결된다.

어린새

부리는 연한색이다.

날개깃 가장자리에 검은색이 있다.

노랑부리저어새

크기: 75~86㎝ / 보이는 곳: 하천, 하구, 갯벌 / 도래유형: 겨울철새 / 보이는 때: 10~3월 / 먹이:
물고기, 양서류, 갑각류 / 암수 구별이 어렵다.

어른새

저어새와 달리 항상
눈 주변이 검지 않다.

부리는 주걱 모양이며
끝이 노란색이다.

어린새

눈 주변이 검지 않다.

꼬마물떼새

물떼새과

크기: 14~17㎝ / 보이는 곳: 하천, 하구, 해안 / 도래유형: 여름철새 / 보이는 때: 5~10월 / 먹이: 저서무척추동물, 곤충, 연체동물

수컷

눈테는 굵고 선명한 노란색이다.

부리는 짧고 기부가 주황색이다.

암컷

귀깃 색이 수컷에 비해 연하다.

흰목물떼새

크기: 19~21㎝ / 보이는 곳: 하천, 하구 주로 담수 / 도래유형: 여름철새 또는 텃새 / 보이는 때: 일 년 내내 / 먹이: 저서무척추동물, 곤충, 연체동물

수컷

눈테는 가늘고 흐린 노란색이다.

꼬마물떼새와 달리 부리가 머리에 비해 길어 보인다.

암컷

귀깃 색이 수컷에 비해 연하다.

흰물떼새

크기: 15~17㎝ / 보이는 곳: 해안, 하구, 염전 / 도래유형: 여름철새 / 보이는 때: 5~10월 / 먹이:
저서무척추동물, 곤충, 연체동물

수컷

머리가 적갈색이다.

검은색 띠가 가슴에서
연결되지 않는다.

암컷

앞이마에 검은 무늬가 없다.

갈색 띠가 가슴에서
연결되지 않는다.

왕눈물떼새

크기: 18~21㎝ / 보이는 곳: 갯벌, 하구, 해안 / 도래유형: 나그네새 / 보이는 때: 4~5월, 9~10월 / 먹이: 저서무척추동물, 곤충, 연체동물

수컷 번식깃

다른 물떼새와 달리 뒷목이 흰색이 아니다.

암컷 번식깃

수컷에 비해 귀깃과 가슴의 색깔이 연하다.

비번식깃

다리는 짙은 녹색이다.

어린새

어른새 겨울깃과 비슷하지만 몸 윗면에 비늘무늬가 있다.

개꿩

크기: 27~31㎝ / 보이는 곳: 갯벌, 하구, 해안 / 도래유형: 나그네새 또는 겨울철새 / 보이는 때: 4~5월, 9~10월 / 먹이: 저서무척추동물, 곤충, 연체동물 / 암수 구별이 어렵다.

번식깃

등에 검은색과 흰색 무늬가 있다.

어른새

겨드랑이가 검은색이다.

비번식깃

등에 갈색과 흰색 반점이 있다.

가슴에 흑갈색 점무늬가 있고
배는 흰색이다.

133

검은가슴물떼새

크기: 23~26㎝ / 보이는 곳: 논, 내륙 습지 / 도래유형: 나그네새 / 보이는 때: 4~5월, 9~10월 / 먹이: 저서무척추동물, 곤충, 연체동물 / 암수 구별이 어렵다.

번식깃

등에 검은색과 금색 무늬가 있다.

어린새

몸 전체에 금색 무늬가 있다.

귀깃은 검은색이다.

댕기물떼새

크기: 28~31㎝ / 보이는 곳: 논, 하구, 하천, 갯벌 / 도래유형: 겨울철새 / 보이는 때: 10~3월 / 먹이: 저서무척추동물, 곤충, 연체동물

수컷

검은색 댕기깃이 길다.

등은 청록색이다.

암컷

댕기깃이 짧다.

겨울에는 갈색 비늘무늬가 뚜렷하다.

검은머리물떼새

크기: 40~47㎝ / 보이는 곳: 갯벌, 하구, 해안 / 도래유형: 여름철새 또는 텃새 / 보이는 때: 주로 3~11월 / 먹이: 조개 고둥류, 갑각류, 어류 / 암수 또는 계절에 따른 깃털 변화가 거의 없다.

어른새

머리와 등은 검은색이다.

부리가 크고 길며 붉은색이다.

어른새

날개깃에 흰 무늬가 넓게 보인다.

장다리물떼새

크기: 35~38㎝ / **보이는 곳**: 하천, 하구, 내륙습지, 해안 / **도래유형**: 여름철새 / **보이는 때**: 5~9월 / **먹이**: 저서무척추동물, 곤충, 연체동물

수컷

등과 머리가 짙은 검은색이다.

암컷

머리는 흰색이고
등은 갈색이다.

좀도요

크기: 13~16㎝ / 보이는 곳: 갯벌, 간척지, 하구, 해안 / 도래유형: 나그네새 / 보이는 때: 4~5월, 9~10월 / 먹이: 저서무척추동물, 곤충, 연체동물 / 암수 구별이 어렵다.

번식깃

멱은 적갈색이다.

다리는 항상 검은색이다.

어린새

등은 밝은 회색이며 적갈색 무늬가 남아 있다.

어두운 눈선이 있다.

종달도요

크기: 13~15㎝ / 보이는 곳: 논, 하구, 간척지, 습지 / 도래유형: 나그네새 / 보이는 때: 4~5월, 9~10월 / 먹이: 저서무척추동물, 곤충, 연체동물 / 암수 구별이 어렵다.

번식깃

흰색 눈썹선이 뚜렷하다.

다리는 노란색이고 발가락이 길다.

어린새

아랫부리 기부가 밝다.

옆구리에 검은 줄무늬가 있다.

꼬까도요

크기: 21~25㎝ / **보이는 곳:** 갯벌, 해안, 하구, 간척지 / **도래유형:** 나그네새 / **보이는 때:** 4~5월, 9~10월 / **먹이:** 저서무척추동물, 곤충, 연체동물 / 암수 구별이 어렵다.

번식깃

얼굴과 가슴에 검은 줄무늬가 뚜렷하다.

다리는 붉은색이다.

어린새

깃털 가장자리가 갈색이다.

가슴의 검은 무늬가 연하다.

붉은어깨도요

크기: 26~28㎝ / 보이는 곳: 갯벌, 간척지, 하구, 해안 / 도래유형: 나그네새 / 보이는 때: 4~5월, 9~10월 / 먹이: 저서무척추동물, 곤충, 연체동물 / 암수 구별이 어렵다.

번식깃

어깨에 적갈색 반점이 있다.

가슴과 옆구리에 검은 반점이 있다.

비번식깃으로 깃갈이 중

등에 적갈색 무늬가 없고 깃 가장자리가 흰색이다.

붉은가슴도요

크기: 23~25㎝ / 보이는 곳: 갯벌, 간척지, 하구, 해안 / 도래유형: 나그네새 / 보이는 때: 4~5월, 9~10월 / 먹이: 저서무척추동물, 곤충, 연체동물 / 암수 구별이 어렵다.

번식깃

얼굴과 가슴이
적갈색이다.

어린새

몸 윗면에 흰색과
검은색 비늘무늬가 있다.

굵고 흰 눈썹선이 있다.

메추라기도요

도요과

크기: 17~22㎝ / 보이는 곳: 논, 하구, 간척지, 습지 등의 민물 / 도래유형: 나그네새 / 보이는 때:
4~5월, 9~10월 / 먹이: 저서무척추동물, 곤충, 연체동물, 거미

번식깃

머리는 짙은 적갈색이며
줄무늬가 있다.

배와 옆구리에는
V 자 무늬가 있다.

암컷

암수 깃털이 비슷하지만
수컷(왼쪽)에 비해 덩치가 작다.

세가락도요

크기: 20~21㎝ / **보이는 곳:** 동해안과 남해안 백사장 및 해수욕장 / **도래유형:** 겨울철새 / **보이는 때:** 10~3월 / **먹이:** 갑각류, 조개 곤충 / 암수 구별이 어렵다.

비번식깃

몸 윗면은 회백색이다.

부리 끝은 넓고 뭉툭하다.

비번식깃으로 깃갈이 중

얼굴과 가슴에 적갈색 무늬가 남아 있다.

어린새

등에 검은색과 흰색 무늬가 있다.

가슴에 연한 갈색 무늬가 있다.

깝작도요

크기: 19~21㎝ / 보이는 곳: 하천, 하구, 습지 등 민물 / 도래유형: 여름철새 또는 텃새 / 보이는 때: 4~10월 / 먹이: 저서무척추동물, 곤충, 연체동물, 거미 / 암수 구별이 어렵다.

번식깃

항상 흰색이
어깨까지 이어진다.

어린새

깃 가장자리에 갈색 무늬가 있다.

삑삑도요

크기: 21~24㎝ / 보이는 곳: 하천, 농수로, 논, 하구 등 민물 / 도래유형: 나그네새 또는 겨울철새 / 보이는 때: 4~6월, 9~3월 / 먹이: 저서무척추동물, 곤충, 연체동물, 거미 / 암수 구별이 어렵다.

비번식깃

등에 녹색이 돈다.

다리는 연한 청록색이다.

번식깃

흰색 눈썹선이 앞이마까지 이어진다.

다리는 짙은 청록색이다.

알락도요

크기: 19~21㎝ / 보이는 곳: 논, 하천, 내륙습지 등 민물 / 도래유형: 나그네새 / 보이는 때: 4~5월, 9~10월 / 먹이: 저서무척추동물, 곤충, 연체동물, 거미 / 암수 구별이 어렵다.

번식깃

머리와 몸 전체에 흰색과
검은색 반점이 뚜렷하다.

다리는 선명한
노란색이고 긴 편이다.

번식깃

눈을 가로지르는
흰색 눈썹선이 있다.

147

목도리도요

크기: ♂26~32㎝, ♀20~25㎝ / 보이는 곳: 논, 하구, 습지, 갯벌 / 도래유형: 나그네새 / 보이는
때: 4~5월, 9~10월 / 먹이: 연체동물, 갑각류, 씨앗, 새순

수컷

적갈색과 검은색 무늬가 뚜렷하다.

부리 기부 쪽이 주황색이다.

어린새

머리에 적갈색
무늬가 있다.

깃털 가장자리가
적갈색이다.

암컷

눈 뒤쪽으로 검은 선이
살짝 보인다.

암수 모두 목이
가늘고 길게 느껴진다.

노랑발도요

도요, 물떼새 무리
도요과

크기: 24~27㎝ / 보이는 곳: 갯벌, 해안, 하구 / 도래유형: 나그네새 / 보이는 때: 4~5월, 9~10월 / 먹이: 저서무척추동물, 곤충, 연체동물 / 암수 구별이 어렵다.

번식깃

굵고 선명한 흰색
눈썹선이 있다.

배와 옆구리에
검은색 물결무늬가 있다.

비번식깃으로 깃갈이 중

몸 윗면은 회갈색이다.

민물도요

크기: 17~22㎝ / 보이는 곳: 갯벌, 하구, 해안 / 도래유형: 나그네새 또는 겨울철새 / 보이는 때: 4~5월, 9~2월 / 먹이: 저서무척추동물, 곤충, 연체동물 / 암수 구별이 어렵다.

번식깃

배에 크고 검은 반점이 있다.

비번식깃으로 깃갈이

등에 적갈색 반점이 남아 있다.

배에 검은 무늬가 남아 있다.

비번식깃

등은 회색이다.

부리는 아래로 살짝 휘었다.

뒷부리도요

크기: 22~25㎝ / 보이는 곳: 갯벌, 해안, 하구 / 도래유형: 나그네새 / 보이는 때: 4~5월, 9~10월 / 먹이: 저서무척추동물, 곤충, 연체동물 / 암수 구별이 어렵다.

번식깃

어깨깃은 검은색이다.

부리는 항상 위로 휘었다.

어린새

부리 기부가 연한 노란색이다.

깃 가장자리에 갈색이 있다.

붉은발도요

크기: 27~29㎝ / 보이는 곳: 염습지, 소택지, 논, 갯벌 / 도래유형: 나그네새 또는 여름철새 / 보이는 때: 4~5월, 9~10월 / 먹이: 저서무척추동물, 곤충, 연체동물 / 암수 구별이 어렵다.

번식깃

얼굴과 배까지
검은색 줄무늬가 있다.

비번식깃

윗부리와 아랫부리 모두
기부가 붉은색이다.

학도요

크기: 29~32㎝ / 보이는 곳: 염습지, 소택지, 논 / 도래유형: 나그네새 / 보이는 때: 4~5월, 9~10월 / 먹이: 저서무척추동물, 곤충, 연체동물 / 암수 구별이 어렵다.

번식깃

얼굴과 가슴 전체가 검은색이다.

비번식깃

붉은발도요와 달리
아랫부리 기부만 붉은색이다.

청다리도요

크기: 30~35㎝ / 보이는 곳: 갯벌, 하구, 습지 / 도래유형: 나그네새 / 보이는 때: 4~5월, 9~10월
/ 먹이: 저서무척추동물, 곤충, 연체동물 / 암수 구별이 어렵다.

번식깃

부리는 굵고
위로 살짝 휘었다.

머리와 가슴에
줄무늬가 뚜렷하다.

비번식깃으로 깃갈이 중

몸 윗면 깃털이 밝은 회색으로 변한다.

다리는 청록색이다.

154

쇠청다리도요

크기: 22~25cm / 보이는 곳: 염습지, 소택지, 논, 갯벌 / 도래유형: 나그네새 / 보이는 때: 4~5월, 9~10월 / 먹이: 저서무척추동물, 곤충, 연체동물 / 암수 구별이 어렵다.

번식깃

깃털에 검은 반점이 있다.

부리는 검고 가늘며 뾰족하다.

비번식깃

등은 밝은 회색이고 깃 가장자리는 흰색이다.

얼굴 앞쪽, 가슴과 배는 흰색이다.

흑꼬리도요

크기: 36~44㎝ / 보이는 곳: 염습지, 소택지, 논, 갯벌 / 도래유형: 나그네새 / 보이는 때: 4~5월, 9~10월 / 먹이: 저서무척추동물, 곤충, 연체동물, 씨앗 / 암수 구별이 어렵다.

번식깃

눈 앞쪽 흰 부분이 넓다.

부리는 곧고 노란색이며 끝이 검다.

번식깃

꼬리는 검은색이다.

흰색 날개선이 뚜렷하다.

번식깃으로 깃갈이 중

몸 윗면은 밝은 회갈색이다.

부리는 분홍색이고 끝이 검다.

큰뒷부리도요

크기: 37~41㎝ / 보이는 곳: 갯벌, 해안, 하구 / 도래유형: 나그네새 / 보이는 때: 4~5월, 9~10월 / 먹이: 저서무척추동물, 곤충, 연체동물 / 번식깃 수컷은 보통 붉은 기운이 강하다.

번식깃

부리가 위로 살짝 휘었다.

가슴과 배는 적갈색이다.

번식깃

허리에 흑갈색
줄무늬가 있다.

알락꼬리마도요

크기: 55~62㎝ / 보이는 곳: 갯벌, 해안, 하구 / 도래유형: 나그네새 / 보이는 때: 4~5월, 9~10월 / 먹이: 저서무척추동물, 곤충, 연체동물 / 암수 구별이 어렵다.

어른새

몸 아랫면은
항상 연한 갈색이다.

어린새

위아래 부리 기부가
모두 분홍색이다.

허리는 항상
흰빛이 없는 갈색이다.

마도요

크기: 50~60cm / 보이는 곳: 갯벌, 해안, 하구 / 도래유형: 나그네새 또는 겨울철새 / 보이는 때: 주로 4~5월, 9~10월 / 먹이: 저서무척추동물, 곤충, 연체동물 / 암수 구별이 어렵다.

어른새

몸 아랫면은 항상 흰색이다.

어른새

허리는 흰색이다.

가슴은 흰색이며 줄무늬가 있다.

중부리도요

크기: 40~46㎝ / 보이는 곳: 갯벌, 해안, 하구 / 도래유형: 나그네새 / 보이는 때: 4~5월, 9~10월 / 먹이: 저서무척추동물, 곤충, 연체동물 / 암수 구별이 어렵다.

어른새

머리에 흑갈색 굵은 선이 2개가 있다.

비번식깃

눈 앞쪽이 짙은 검은색이다.

몸 윗면은 연한 회갈색이다.

호사도요

호사도요과

크기: 23~28㎝ / 보이는 곳: 습지, 논, 하천 / 도래유형: 나그네새 또는 여름철새 / 보이는 때: 4~5월, 9~10월 / 먹이: 저서무척추동물, 곤충, 연체동물

암컷

흰색 눈테가 눈 뒤까지 이어진다.

부리는 분홍색이며 아래로 살짝 휘었다.

수컷

날개깃과 날개덮깃에 노란 반점이 있다.

깍도요

크기: 25~27㎝ / 보이는 곳: 논, 하천, 내륙습지, 하구 / 도래유형: 나그네새 / 보이는 때: 4~5월, 9~10월 / 먹이: 저서무척추동물, 곤충, 연체동물 / 암수 구별이 어렵다.

어른새

부리가 머리 길이의
두 배 이상으로 길며 곧다.

어른새

둘째날개깃
가장자리가 흰색이다.

황새

크기: 110~115㎝ / 보이는 곳: 간척지, 하구, 해안 / 도래유형: 겨울철새 / 보이는 때: 10~3월 / 먹이: 물고기, 양서류, 파충류, 작은 새, 곤충 / 암수 구별이 어렵다.

어린새

부리가 매우 크고 검은색이다.

날개깃의 검은색이 꼬리처럼 보이기도 한다.

어른새

날개는 검은색이고 꼬리는 흰색이다.

두루미

크기: 138~152㎝ / 보이는 곳: 농경지, 강화 갯벌, 하구 / 도래유형: 겨울철새 / 보이는 때: 10~3월 / 먹이: 물고기, 곤충, 곡물, 연체동물 / 암수 구별이 어렵다.

어른새
정수리에 붉은 부분이 있다.
셋째날개깃이 꼬리깃처럼 보인다.

어린새
얼굴과 목은 갈색이다.

어른새
정수리에 붉은색 피부가 드러난다.

어른새
둘째날개깃과 셋째날개깃이 검은색이다.

재두루미

크기: 115~125㎝ / 보이는 곳: 농경지, 저수지, 하구 / 도래유형: 겨울철새 / 보이는 때: 10~3월 /
먹이: 물고기, 곤충, 곡물, 연체동물 / 암수 구별이 어렵다.

어른새

얼굴 주변이 붉다.

전체적으로
짙은 회색이다.

어린새

머리와 뒷목은 갈색이고
날개깃에도 갈색이 있다.

어른새

날개깃과 꼬리깃이 검은색이다.

어른새

얼굴 주변에
붉은 피부가 드러난다

165

흑두루미

크기: 91~100㎝ / 보이는 곳: 농경지, 갯벌, 하구 / 도래유형: 겨울철새 / 보이는 때: 10~3월 / 먹이: 물고기, 곤충, 곡물, 연체동물 / 암수 구별이 어렵다.

어른새

이마는 검은색이고 정수리에 붉은 부분이 좁게 있다.

몸은 연한 흑회색이다.

어른새(아성조)

날개와 몸은 흑갈색이며 어른새보다 검게 보인다.

어린새

목에 갈색 깃털이 있다.

쇠물닭

크기: 30~38㎝ / 보이는 곳: 연못, 저수지, 농수로 / 도래유형: 여름철새 / 보이는 때: 4~10월 /
먹이: 수초, 곤충, 씨앗, 무척추동물 / 암수 구별이 어렵다.

어른새

이마판과 부리 기부가 붉다.

아래꼬리덮깃은 흰색이다.

옆구리에 흰 줄무늬가 있다.

새끼

정수리는 붉은색이고
눈 주위는 파란색이다.

부리 끝은 노란색이다.

어린새

아래꼬리덮깃이 흰색이다.

167

물닭

크기: 36~40㎝ / 보이는 곳: 연못, 저수지, 하천, 하구 / 도래유형: 겨울철새 및 여름철새 / 보이는 때: 주로 10~3월 / 먹이: 수초, 곤충, 씨앗, 무척추동물 / 암수 구별이 어렵다.

어른새

홍채는 붉은색이다.

전체적으로 검은색이고 부리와 이마판은 흰색이다.

머리부터 목까지 붉은색이다.

새끼

부리 끝은 흰색이다.

어린새

아래꼬리덮깃은 검은색이다.

부리는 흰색이고 멱과 앞목은 흰색이다.

쇠뜸부기사촌

크기: 19~23㎝ / **보이는 곳:** 논, 농수로, 소하천, 연못 / **도래유형:** 여름철새 / **보이는 때:** 5~9월 /
먹이: 곤충, 거미, 씨앗, 무척추동물 / 암수 구별이 어렵다.

어른새

몸 윗면은 암갈색이다.

아래꼬리덮깃에
가늘고 흰 줄무늬가 있다.

새끼

부리를 제외하고 모두
짙은 검은색이다.

뜸부기

크기: 33~43㎝ / 보이는 곳: 연못, 논, 농수로 / 도래유형: 여름철새 / 보이는 때: 5~9월 / 먹이: 곤충, 씨앗, 양서류, 무척추동물

수컷 번식깃

붉게 솟은 이마판이 있다.

몸통의 깃털은 흑회색이고 날개깃은 갈색이다.

어른새 암컷

눈 주위가 황갈색이다.

몸 아랫면에 검은 줄무늬가 있다.

© 박헌우

흰눈썹뜸부기

크기: 23~29㎝ / 보이는 곳: 습지, 소하천, 하천, 하구 / 도래유형: 겨울철새 또는 나그네새 / 보이는 때: 9~3월 / 먹이: 물고기, 곤충, 무척추동물 / 암수 구별이 어렵다.

어른새

얼굴은 밝은 회색이고
뺨은 갈색이다.

전체적으로 갈색에
검은 줄무늬가 있다.

어른새

몸 뒤쪽에 흰색과
검은색 줄무늬가 있다.

아랫부리가 붉은색을 띤다.

물총새

크기: 16~20㎝ / **보이는 곳:** 하천, 저수지, 해안 / **도래유형:** 여름철새 또는 텃새 / **보이는 때:** 4~10월 / **먹이:** 물고기, 수서무척추동물

수컷

부리가 크고
검은색이다.

어린새

가슴에 검은 얼룩이 있고
전체적으로 깃털 색이 탁하다.

암컷

아랫부리가 붉은색이다.

청호반새

크기: 28~30㎝ / 보이는 곳: 하천과 논이 있는 산림 주변 / 도래유형: 여름철새 / 보이는 때:
5~9월 / 먹이: 양서류, 파충류, 작은 포유류, 곤충

어른새

머리는 검은색이다.

어른새 암컷

멱과 가슴의 흰색이
V 자 모양이다.
수컷은 U 자 모양이다.

호반새

크기: 25~27㎝ / 보이는 곳: 산림이 발달한 계곡 주변 / 도래유형: 여름철새 / 보이는 때: 5~9월
/ 먹이: 양서류, 파충류, 작은 포유류, 곤충

어른새

전체적으로 짙은 주황색이고
허리에 청회색 세로 줄무늬가 있다.

어른새 암컷

가슴의 주황색이
배보다 짙다.

물까마귀

크기: 21~23㎝ / 보이는 곳: 물이 맑고 산림이 발달한 계곡 주변 / 도래유형: 텃새 / 보이는 때:
일 년 내내 / 먹이: 양서류, 파충류, 작은 포유류, 곤충 / 암수 구별이 어렵다.

어른새

전체적으로
짙은 흑갈색이다.

다리 앞쪽은 흰색이다.

어린새

깃 가장자리가 흰색이다.

알락할미새

크기: 16.5~18㎝ / **보이는 곳**: 하천, 농경지, 해안 / **도래유형**: 여름철새 / **보이는 때**: 3~10월 / **먹이**: 곤충, 거미

수컷

얼굴은 흰색이다.

머리와 등은 검은색이다.

어린새

머리와 등은 회색이다.

암컷

수컷과 비슷하나
몸 윗면에 회색빛이 섞여 있다.

얼굴에 노란빛이 도는 경우가 많다.

백할미새

크기: 17~20cm / 보이는 곳: 하천, 농경지, 해안 / 도래유형: 겨울철새 / 보이는 때: 9~4월 / 먹이: 곤충, 거미

수컷 비번식깃

검은색 눈선이 있다.

등은 회색이며 크고 검은 반점이 있다.

암컷 비번식깃

수컷과 비슷하고 등은 회색이며,
작고 검은 반점이 나타나기도 한다.

검은등할미새

크기: 21~23㎝ / 보이는 곳: 하천, 계곡 / 도래유형: 텃새 / 보이는 때: 일 년 내내 / 먹이: 곤충, 거미

수컷
머리와 몸 윗면은 검은색이고 이마는 흰색이다.

어린새
머리와 목은 회색이다.

암컷
수컷과 비슷하나 등의 검은색이 연하다.

노랑할미새

크기: 17~20㎝ / 보이는 곳: 하천, 계곡 / 도래유형: 여름철새 / 보이는 때: 3~10월 / 먹이: 곤충, 거미류

수컷

눈썹선은 흰색이다.

턱과 멱이
검은색이다.

암컷

턱과 멱이
흰색이다.

흰눈썹긴발톱할미새

크기: 16~18㎝ / 보이는 곳: 논, 하천 / 도래유형: 나그네새 / 보이는 때: 4~5월, 9~10월 / 먹이:
곤충, 거미 / 암수 구별이 어렵다.

어른새

흰색 눈썹선은
뚜렷하다.

등과 배는 노란색이다.

어린새

흰색 눈썹선이 뚜렷하다.

몸의 아랫면은
흰색이다.

긴발톱할미새

크기: 16~18㎝ / 보이는 곳: 논, 하천 / 도래유형: 나그네새 / 보이는 때: 4~5월, 9~10월 / 먹이: 곤충, 거미 / 암수 구별이 어렵다.

어른새

눈썹선이 선명한 노란색이다.

머리와 몸의 노란빛이 강하다.

어린새

눈썹선은 노란색이다.

몸 전체에 연한 노란빛이 있다.

밭종다리

크기: 14~17㎝ / 보이는 곳: 논, 밭, 하천 / 도래유형: 겨울철새 또는 나그네새 / 보이는 때: 9~3월 / 먹이: 곤충, 거미 / 암수 구별이 어렵다.

비번식깃

머리와 등은 녹갈색이고 검은 줄무늬가 희미하다.

멱과 가슴에 굵고 선명한 검은 줄무늬가 있다.

번식깃

등은 회색이다.

번식깃으로 깃갈이 중

몸 아랫면은 적갈색이고 검은색 점무늬가 적다.

등은 밝은 회색이며 작고 검은 줄무늬가 있다.

가슴과 배는 연한 황갈색이다.

힝둥새

크기: 15~17cm / 보이는 곳: 하천 주변 초지 / 도래유형: 겨울철새 또는 나그네새 / 보이는 때: 주로 9~3월 / 먹이: 곤충, 거미 / 암수 구별이 어렵다.

어른새

눈 뒤까지 흰색 눈썹선이 뚜렷하다.

몸통 깃털은 녹색을 띤 노란색이다.

어른새

흰색 귀깃이 항상 뚜렷하다.

가슴과 옆구리에 검은 줄무늬가 있다.

붉은가슴밭종다리

크기: 14~15㎝ / 보이는 곳: 논, 하천, 풀밭 / 도래유형: 나그네새 / 보이는 때: 4~5월, 9~10월 /
먹이: 곤충, 거미 / 암수 구별이 어렵다.

번식깃

아랫부리 기부가 노란색이다.

셋째날개깃이 길어
첫째날개깃을 덮는다.

번식깃

이마와 눈썹선,
멱은 적갈색이다.

얼굴에 연한 적갈색이 있다.

깃갈이 중

등에 흐릿한
노란색 줄무늬가
있다.

큰밭종다리

크기: 17~18㎝ / 보이는 곳: 해안가의 논, 풀밭 / 도래유형: 나그네새 / 보이는 때: 4~5월, 9~10월 / 먹이: 곤충, 거미 / 암수 구별이 어렵다.

어른새

몸 전체에 황갈색 기운이 강하다.

가슴에만 검은색 줄무늬가 있다.

어른새

눈썹선이 굵고 뚜렷하다.

놀랐을 때 몸을 꼿꼿하게 세운다.

종다리

크기: 16~19㎝ / 보이는 곳: 건조한 초지, 농경지 / 도래유형: 텃새 또는 겨울철새 / 보이는 때: 주로 10~3월 / 먹이: 씨앗, 곡식, 곤충 / 암수 구별이 어렵다.

어린새

머리깃이 길며
가끔 세우기도 한다.

첫째날개깃이 길다.

어른새

가슴에 세로
줄무늬가 있다.

산새

/

비둘기보다
큰 새

물수리

크기: ♂54㎝, ♀64㎝ (날개폭 137~174㎝) / 보이는 곳: 하천, 하구, 해안 등 / 도래유형: 나그네 새 또는 겨울철새 / 보이는 때: 주로 9~11월 / 먹이: 어류 / 가슴 무늬로 암수 구별이 가능하다.

어린새

검고 굵은 눈선이 뒷목까지 이어진다.

멱은 흰색이다.

어린새

몸통 아래는 흰색이고 가슴에는 갈색 반점이 있다.

날개에 검은 반점이 보인다.

독수리

크기: 100~120㎝ (날개폭 250~295㎝) / 보이는 곳: 전국의 개활지, 농장 주변 등 / 도래유형: 겨울철새 / 보이는 때: 10~3월 / 먹이: 동물의 사체 / 암수 구별이 되지 않는다.

어른새

뒷덜미에 갈기깃이 있다.

깃털은 옅은 갈색이며 흰색 깃이 섞여 있다.

어린새

얼굴은 짙은 검은색이고 부리는 분홍색이다.

전체적으로 짙은 갈색이다.

어른새

별다른 무늬가 없는 검은색이고 머리가 작게 느껴진다.

참수리

크기: ♂85cm, ♀105cm (날개폭 195~255cm) / 보이는 곳: 하천, 해안, 간척지 등 / 도래유형: 겨울철새 / 보이는 때: 10~3월 / 먹이: 큰 물고기, 새, 포유류 / 암수 구별이 어렵다.

어른새

어깨와 발목 깃은 흰색이다.

어린새

부리가 크고 노랗다.

어른새

부리 전체가 항상 노랗다.

나이에 관계없이 꼬리가 쐐기모양이다.

ⓒ 최철순

흰꼬리수리

크기: ♂84㎝, ♀94㎝ (날개폭 182~244㎝) / 보이는 곳: 하천, 하구, 간척지 등 / 도래유형: 겨울 철새 / 보이는 때: 10~3월 / 먹이: 큰 물고기, 새, 포유류 / 암수 구별이 어렵다.

어린새

깃털은 갈색이며 흰색 무늬가 섞여 있다.

부리 절반이 검은색이다.

어린새

몸통과 날개에 얼룩덜룩한 무늬가 있다.

꼬리는 둥글며 가장자리는 검은색이다

어른새

머리는 밝은 갈색이고 부리는 전체적으로 노란색이다.

꼬리는 흰색이며 참수리 꼬리보다 짧다.

벌매

크기: ♂57cm, ♀60.5cm (날개폭 128~155cm) / 보이는 곳: 이동기 산림 상공, 섬 지역, 거제도, 부산 / 도래유형: 나그네새 / 보이는 때: 5~6월, 9~10월 / 먹이: 벌 애벌레, 곤충, 양서류, 파충류 / 나이와 성별에 따라 깃털의 변이가 다양하다.

어른새 수컷

얼굴은 청회색이고 납막은 어두운 색이며 홍채는 짙은 어두운 색이다.

꼬리에 폭이 넓은 검은색 띠가 2개 있다.

어른새 수컷

날개와 꼬리 가장자리에 폭 넓고 굵은 검은색 띠가 있다.

어른새 암컷

납막은 어둡고 홍채는 노란색이다.

꼬리의 검은색 띠가 수컷보다 많다.

어른새 암컷

납막은 어둡고 홍채는 노란색이다.

어린새

첫째날개깃 끝의 검은색이
어른새에 비해 넓다.

납막은 노란색이다.

어린새

납막은 노란색이다.

꼬리의 검은색 띠가
어른새에 비해 좁고 많다.

어린새

날개의 검은색 줄무늬가
어른새에 비해 가늘고 흐리다.

납막은 노란색이다.

어린새

날개의 줄무늬가 흐리고 많다.

큰말똥가리

크기: ♂57cm, ♀72cm (날개폭 143~161cm) / 보이는 곳: 농경지, 간척지, 개활지 등 / 도래유형: 겨울철새 / 보이는 때: 10~3월 / 먹이: 새, 작은 포유류 / 암수 구별이 어렵다.

어린새

머리에 흰색이 많다.

부척 앞쪽이 깃털로 덮였다.

어린새

가슴은 흰색 바탕에 갈색 줄무늬가 있다.

어린새

꼬리에 말똥가리보다 선명한 줄무늬가 있다.

옆구리와 다리는 진한 갈색이다.

털발말똥가리

크기: ♂55.5㎝, ♀58.5㎝ (날개폭 120~153㎝) / 보이는 곳: 산림 주변, 농경지, 간척지 등 / 도래유형: 겨울철새 / 보이는 때: 10~3월 / 먹이: 작은 포유류, 새 등 / 몸 아랫면의 무늬로 암수 구별이 가능하다.

어른새

큰말똥가리에 비해 짙고 검은 줄무늬가 있다.

부척까지 깃털이 덮였다.

암컷

암컷은 배에 짙은 검은색 무늬가 있다.

꼬리 끝에 굵고 검은 줄무늬가 있다.

날개 가장자리는 선명한 검은색이다.

말똥가리

크기: ♂52cm, ♀56cm (날개폭 109~137cm) / 보이는 곳: 산림 주변, 농경지, 간척지, 개활지 등 /
도래유형: 겨울철새 / 보이는 때: 10~3월 / 먹이: 작은 포유류, 새 등 / 암수 구별이 어렵다.

어린새

머리는 연한 갈색이고
어린새는 홍채가 노란색이다.

턱밑과 멱에 갈색
줄무늬가 있다.

어른새

꼬리에는 연한
줄무늬가 많지만
잘 보이지 않는다.

몸 아랫면은
적갈색이다.

어른새

머리와 가슴은 적갈색이나
연한 갈색이고, 어른새는
홍채가 암갈색이다.

부척에
털이 없다.

왕새매

크기: ♂47㎝, ♀51㎝ (날개폭 101~110㎝) / 보이는 곳: 농경지가 인접한 산림지역 / 도래유형: 나그네새 또는 여름철새 / 보이는 때: 5~10월 / 먹이: 파충류, 양서류, 작은 새와 포유류 등 / 암컷은 흰색 눈썹선이 있고 얼굴에 회색이 덜하다.

수컷

머리는 청회색이고
눈썹선이 거의 없다.

몸 윗면과 아랫면은
적갈색이나 변이가 심하다.

어른새

나이에 관계없이
멱에 굵은 세로 줄무늬가 있다.

참매

크기: ♂46㎝, ♀63㎝ (날개폭 89~130㎝) / 보이는 곳: 산림, 간척지, 하구, 개활지 등 / 도래유형: 겨울철새 또는 텃새 / 보이는 때: 연중 관찰 / 먹이: 작은 포유류, 새 등 / 암수 구별이 어렵다.

어른새

굵고 흰 눈썹선이 있다.

몸 아랫면에 검은색 잔줄무늬가 있다.

어른새

날개 아랫면의 줄무늬가 흐리고 뭉개져 보인다.

어린새

등은 갈색이며 흰색 무늬가 있다.

몸 아랫면에 물방울 모양 세로 줄무늬가 있다.

새매

크기: ♂32㎝, ♀40㎝ (날개폭 56~79㎝) / 보이는 곳: 산림, 간척지, 하구, 개활지 등 / 도래유형: 겨울철새 또는 텃새 / 보이는 때: 연중 관찰 / 먹이: 새, 설치류 등

수컷

몸 윗면은 청회색이다.

몸 아랫면과 뺨에 적갈색 줄무늬가 있다.

암컷

굵고 흰 눈썹선이 있다.

몸 아랫면에 갈색 줄무늬가 있다.

어린새

흰색 눈썹선과 갈색 줄무늬가 있다.

몸 아랫면에 가늘고 조밀한 가로 줄무늬가 있다.

어린새

날개 아랫면의 줄무늬가 검고 뚜렷하다.

잿빛개구리매

크기: ♂42㎝, ♀51㎝ (날개폭 99~123㎝) / 보이는 곳: 간척지, 농경지, 개활지 등 / 도래유형: 겨울철새 / 보이는 때: 10~3월 / 먹이: 작은 새, 설치류 등

암컷

얼굴 주변에 적갈색 테두리가 있다.

전체적으로 적갈색이다.

수컷

첫째날개 끝이 검은색이다.

머리와 등은 청회색이다.

암컷

날개에 선명한 검은색 줄무늬가 있다.

허리에 넓고 흰 부분이 있다.

붉은배새매

크기: ♂28㎝, ♀33㎝ (날개폭 52~62㎝) / 보이는 곳: 야산, 농경지 주변의 산림 / 도래유형: 여름철새 / 보이는 때: 6~10월 / 먹이: 양서류, 대형 곤충, 설치류

수컷

몸 윗면은 청회색이다.

납막은 크고 주황색이며, 홍채는 검은색에 가까운 적갈색이다.

어른새

가슴에만 적갈색 무늬가 있다.

날개 끝은 검은색이다.

암컷

홍채는 노란색이고 눈테는 검은색이다.

매

크기: ♂42㎝, ♀49㎝ (날개폭 84~120㎝) / 보이는 곳: 해안, 섬, 하구, 간척지 등 / 도래유형: 텃새 / 보이는 때: 일 년 내내 / 먹이: 새, 작은 포유류 등 / 크기와 몸 아랫면 무늬로 암수 구별이 가능하나 어렵다.

어른새

눈 밑 검은색 줄이 넓고 크다.

가로 줄무늬가 있다.

어른새

허리는 몸 윗면에 비해 밝은 청회색이다.

어린새

납막이 청회색이다.

몸 아랫면은 갈색이고 깃 가장자리는 흰색이다.

황조롱이

크기: ♂33㎝, ♀38.5㎝ (날개폭 57~79㎝) / 보이는 곳: 야산, 주거지, 농경지 주변의 산림 / 도래
유형: 텃새 / 보이는 때: 일 년 내내 / 먹이: 설치류, 곤충, 양서류

수컷

머리와 꼬리는 청회색이다.

몸 윗면은 적갈색이고
크고 검은 반점이 있다.

암컷

머리는 적갈색이고
흰색 눈썹선이 있다.

몸 윗면은 적갈색이며
크고 검은 반점이 있다.

수컷

암수 모두
몸 아랫면 바탕은
흰색이며 검은색
세로 줄무늬가 있다.

꼬리에는 검은 가로 줄이 있다.

새호리기

크기: ♂30㎝, ♀35㎝ (날개폭 68~84㎝) / 보이는 곳: 야산, 농경지 주변의 산림 / 도래유형: 여름철새 / 보이는 때: 6~10월 / 먹이: 새, 양서류, 곤충, 설치류 / 암수 구별이 어렵다.

어른새

가슴과 배에
굵고 검은 세로 줄이 있다.

아랫배와 아래꼬리덮깃은 적갈색이다.

어린새

아랫배와 아래꼬리덮깃의
적갈색 기운이 적다.

몸 윗면의
깃 가장자리는
연한 갈색이다.

어른새

날개깃 아랫면의 무늬가
거의 안 보인다.

아랫배와
아래꼬리덮깃의
적갈색이 뚜렷하다.

어린새

날개 아랫면의
검은 반점이
크고 뚜렷하다.

아랫배와 아래꼬리덮깃에
적갈색 기운이 거의 없다.

비둘기조롱이

크기: 29~30㎝ (날개폭 63~72㎝) / 보이는 곳: 농경지, 개활지 등 / 도래유형: 나그네새 / 보이는 때: 9~10월 / 먹이: 곤충, 설치류, 양서류 등

수컷

몸 윗면은 흑청색이다.

납막은 주황색이다.

아랫배와 아래꼬리덮깃의 적갈색이 뚜렷하다.

수컷

아래날개덮깃이 흰색이다.

암컷

몸 윗면은 짙은 청회색 바탕에 검은색 세로 줄무늬가 있다.

아랫배와 아래꼬리덮깃의 적갈색이 흐리다.

어린새

날개 끝과 가장자리가 검은색이다.

날개 아랫면에 굵은 줄무늬가 있다.

어린새

납막은 주황색이고 흰색 눈썹선이 있다.

깃 가장자리는 황갈색이다.

쇠황조롱이

크기: ♂25㎝, ♀33㎝ (날개폭 53~73㎝) / 보이는 곳: 농경지, 개활지 / 도래유형: 겨울철새 / 보이는 때: 11~3월 / 먹이: 새, 설치류 등

수컷

흰색 눈썹선이 있다.

몸 윗면은 청회색이다.

수컷

아랫면은 적갈색 바탕에 검은색 세로 줄무늬가 있다.

암컷

흰색 눈썹선이 있다.

적갈색 반점이 있다.

암컷

아랫면은 흰색 바탕에 굵은 갈색 줄무늬가 있다.

수리부엉이

크기: 56~75㎝ / 보이는 곳: 산림이나 개활지 암벽 / 도래유형: 텃새 / 보이는 때: 일 년 내내 /
먹이: 포유류, 양서류, 파충류, 새 등 / 암수 구별이 어렵다.

어른새

큰 귀깃이 있다.

전체적으로 갈색 바탕에
검은 반점이 있다.

어른새

홍채는 붉은 기운이
많은 노란색이다.

배에는 가늘고 촘촘한
줄무늬가 있다.

올빼미

크기: 46~47cm / **보이는 곳:** 산림, 시골 마을 / **도래유형:** 텃새 / **보이는 때:** 일 년 내내 / **먹이:** 포유류, 새, 양서류, 파충류 등 / 암수 구별이 어렵다.

어른새

귀깃은 없고 홍채는 검은색으로 보인다.

배에 흑갈색 세로 줄무늬가 있고 각 줄무늬에 작은 가로 줄이 있다.

어른새

몸 윗면은 회갈색이고 커다란 흰색 반점이 이어진다.

쇠부엉이

올빼미 무리
올빼미과

크기: 35~41㎝ / 보이는 곳: 간척지, 초지, 농경지 등 / 도래유형: 겨울철새 / 보이는 때: 11~3월 /
먹이: 설치류, 새 등 / 암수 구별이 어렵다.

어른새

귀깃은 작고 홍채는 노란색이다.

배에 가는 세로
줄무늬가 있다.

어른새

첫째날개깃 끝의
검은색 무늬가
폭넓고 크다.

칡부엉이

크기: 33~38㎝ / 보이는 곳: 간척지, 개활지, 농경지 등 / 도래유형: 겨울철새 / 보이는 때: 11~3월 / 먹이: 포유류, 새, 양서류, 파충류 등 / 암수 구별이 어렵다.

어른새

배쪽 굵은 세로 줄무늬에 가는 가로 줄무늬가 있다.

어른새

커다란 귀깃이 있고 홍채는 주황색이다.

등에는 흑갈색 가로 및 세로 줄무늬가 있다.

솔부엉이

크기: 27~33㎝ / 보이는 곳: 야산의 고목, 야산의 활엽수림 등 / 도래유형: 여름철새 / 보이는
때: 6~10월 / 먹이: 포유류, 새, 양서류, 파충류 등 / 암수 구별이 어렵다.

어른새

머리는 회색이고
귓깃이 없다.

몸 윗면은
흑갈색이고
흰색 반점이 있다.

어른새

홍채는 노란색이다.

몸 아랫면에 굵은
갈색 세로 줄무늬가 있다.

어린새

몸 아랫면에
무늬가 없거나
있어도 선명하지
않다.

소쩍새

크기: 18~21㎝ / 보이는 곳: 산림, 주거지 고목 등 / 도래유형: 여름철새 / 보이는 때: 6~10월 /
먹이: 포유류, 새, 양서류, 파충류 등 / 암수 구별이 어렵다.

어른새

귀깃이 있고 홍채는
노란색이다.

배에 굵은 세로 줄과
가는 가로 줄무늬가 있다.

어른새

몸 윗면은
회갈색이고
작고 조밀한
줄무늬가 있다.

적색형

깃털이 적갈색인
개체도 있다.

212

꿩

들꿩

크기: 34~39㎝ / 보이는 곳: 산림, 침엽수림 등 / 도래유형: 텃새 / 보이는 때: 일 년 내내 / 먹이: 열매, 씨앗, 새순 등

수컷

붉은색 눈테가 위쪽에만 있다.

부리 끝과 멱이 검은색이다.

새끼

몸 아래쪽에 크고 검은 반점이 있다.

암컷

멱에 검은색이 없다.

메추라기

크기: 17~20㎝ / 보이는 곳: 초지, 개활지, 농경지 등 / 도래유형: 겨울철새 또는 텃새 / 보이는
때: 10~3월 / 먹이: 열매, 씨앗, 곤충 등

수컷

멱에 가로 줄무늬가 있고
가슴의 적갈색이 배보다 진하다.

암컷

가슴에 흑갈색
줄무늬가 있다.

큰부리까마귀

크기: 50~58㎝ / 보이는 곳: 산림, 해안, 농경지 등 / 도래유형: 텃새 / 보이는 때: 일 년 내내 / 먹이: 잡식성 / 암수 구별이 어렵다.

어른새

자주 머리깃을 세우고 있어 이마의 경사가 심하다.

부리가 두툼하고 크다.

어른새

가까이에서 보면 푸른 광택이 있다.

까마귀

크기: 47~50㎝ / 보이는 곳: 농경지, 간척지 등 떼까마귀 사이에서도 관찰됨 / 도래유형: 겨울철새 / 보이는 때: 10~3월 / 먹이: 잡식성 / 암수 구별이 어렵다.

어른새

떼까마귀에 비해 윗부리가 둥글다. 떼까마귀보다 크고 큰부리까마귀보다 작다.

날개깃에 광택이 있다.

어린새

날개깃에 광택이 없다.

떼까마귀

크기: 45~47㎝ / 보이는 곳: 농경지, 간척지 등 / 도래유형: 겨울철새 / 보이는 때: 10~3월 / 먹이: 잡식성 / 암수 구별이 어렵다.

어른새

부리는 가늘고 뾰족하다.

전체적으로 보랏빛 또는 검은색이다.

어른새

부리 기부가 대부분 흰색이다.

어린새

부리 끝이 뾰족하다.

날개깃이 갈색이고 광택이 없다.

갈까마귀

크기: 33~34㎝ / 보이는 곳: 농경지, 간척지 등 떼까마귀 무리에 섞여서 관찰됨 / 도래유형: 겨울철새 / 보이는 때: 10~3월 / 먹이: 잡식성 / 암수 구별이 어렵다.

어른새

귀깃은 흰색이다.

뒷목, 가슴, 배가 흰색이다.

어린새(아성조)

뒷목, 가슴, 배가
날개깃에 비해 색이 연하다.

까치

크기: 43~46㎝ / 보이는 곳: 주거지, 농경지 등 / 도래유형: 텃새 / 보이는 때: 일 년 내내 / 먹이: 잡식성 / 암수 구별이 어렵다.

어른새

날개깃은 파란색이나 야외에서는 몸통 깃털과 잘 구별되지 않는다.

어른새

어깨깃과 배는 흰색이다.

물까치

크기: 37~38㎝ / 보이는 곳: 저지대 산림, 농경지, 주거지 등 / 도래유형: 텃새 / 보이는 때: 일 년 내내 / 먹이: 과일, 농작물, 작은 동물 등 / 암수 구별이 어렵다.

어른새

머리는 검은색이다.

날개와 꼬리는 하늘색이다.

어린새

머리에 흰 반점이 있다.

어치

크기: 33~34㎝ / 보이는 곳: 산림, 활엽수림 등 / 도래유형: 텃새 / 보이는 때: 일 년 내내 / 먹이: 열매, 씨앗, 작은 동물, 곤충 등 / 암수 구별이 어렵다.

어른새

날개덮깃은 푸른색 바탕에 검은줄무늬가 있다.

어른새

검은색 뺨선이 있다.

꾀꼬리

크기: 24~26㎝ / 보이는 곳: 산림, 공원, 야산 등 / 도래유형: 여름철새 / 보이는 때: 6~9월 / 먹이: 열매, 씨앗, 곤충, 거미 등

수컷

전체적으로 밝은 노란색이고 검은색 눈선이 뒷목까지 이어진다.

날개깃은 검은색이다.

암컷

몸 아랫면과 비교할 때 몸 윗면에 녹색 기운이 있다.

산새

/

비둘기와
크기가 비슷하거나
참새보다 뚜렷하게
큰 새

멧비둘기

크기: 33~35㎝ / 보이는 곳: 산림, 농경지, 주거지 등 / 도래유형: 텃새 / 보이는 때: 일 년 내내 /
먹이: 열매, 씨앗 / 암수 구별이 어렵다.

어른새

홍채는 주황색이다.

몸 아래쪽은 청회색이다.

어른새

몸 윗면에 커다란
적갈색 무늬가 있다.

양비둘기

크기: 29~35㎝ / 보이는 곳: 지리산 사찰, 섬 지역 등 매우 제한적임 / 도래유형: 텃새 / 보이는 때: 일 년 내내 / 먹이: 열매, 씨앗 / 암수 구별이 어렵다.

어른새

날개에 검은 줄이 2개 있다.

어른새

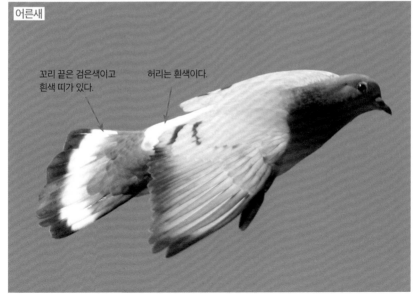

꼬리 끝은 검은색이고 흰색 띠가 있다.

허리는 흰색이다.

227

흑비둘기

비둘기 무리
비둘기과

크기: 37~43.5cm / 보이는 곳: 울릉도와 남해 섬 지역 등 제한적임 / 도래유형: 여름철새, 일부 텃새 / 보이는 때: 4~10월 / 먹이: 열매, 씨앗 / 암수 구별이 어렵다.

어른새

목과 가슴에 녹색 광택이 있다.

어른새

날개깃과 꼬리깃은 검은색이다.

뻐꾸기

크기: 32~36㎝ / 보이는 곳: 산림, 초지, 농경지 등 / 도래유형: 여름철새 / 보이는 때: 5~9월 /
먹이: 곤충, 거미, 애벌레 / 소리: "뻐국, 뻐꾹"하며 운다. / 암수 구별이 어렵다.

어른새

홍채와 눈테는
노란색이다.

몸 윗면은 청회색이다.

어른새

뻐꾸기 종류 중에서 배에
줄무늬가 가장 많고 조밀하다.

벙어리뻐꾸기

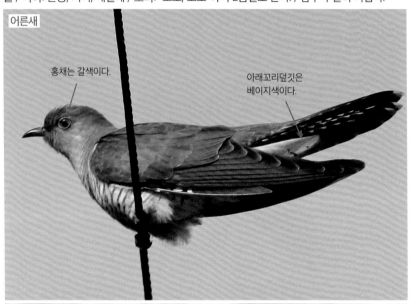

크기: 30~34㎝ / 보이는 곳: 산림, 계곡, 산골 농경지 등 / 도래유형: 여름철새 / 보이는 때: 5~9월 / 먹이: 곤충, 거미, 애벌레 / 소리: "보보, 보보"하며 2음절로 운다. / 암수 구별이 어렵다.

어른새

홍채는 갈색이다.

아래꼬리덮깃은 베이지색이다.

어른새

배의 줄무늬가 넓다.

검은등뻐꾸기

크기: 32~33㎝ / 보이는 곳: 산림, 초지, 계곡 등 / 도래유형: 여름철새 / 보이는 때: 5~9월 / 먹이: 곤충, 거미, 애벌레 / 소리: "캬-캬, 코-코-"하며 운다. / 암수 구별이 어렵다.

어른새

날개와 몸 윗면에 갈색 기운이 강하다.

어른새

꼬리의 검은색 띠가 넓다.

까막딱다구리

크기: 45~55㎝ / 보이는 곳: 활엽수와 침엽수가 발달된 산림 등 / 도래유형: 텃새 / 보이는 때:
일 년 내내 / 먹이: 곤충, 거미, 나무 열매

수컷

이마와 정수리는
붉은색이다.

전체적으로
검은색이다.

암컷

뒤통수에만
붉은 부분이 있다.

232

청딱다구리

크기: 26~33㎝ / 보이는 곳: 산림, 야산, 공원 등 / 도래유형: 텃새 / 보이는 때: 일 년 내내 / 먹이: 곤충, 거미, 나무 열매

수컷

수컷의 앞이마는 붉은색이다.

암수 모두
몸 윗면은
녹색이다.

암컷

수컷과 비슷하지만
머리에 붉은색이 없다.

큰오색딱다구리

크기: 25~30㎝ / 보이는 곳: 발달된 산림, 공원 등 / 도래유형: 텃새 / 보이는 때: 일 년 내내 / 먹이: 곤충, 거미, 나무 열매

수컷

머리 위가 붉은색이다.

암수 모두 옆구리에
줄무늬가 있다.

암컷

수컷과 비슷하나
머리에 붉은색이 없다.

234

오색딱다구리

크기: 20~24㎝ / 보이는 곳: 산림, 야산, 공원 등 / 도래유형: 텃새 / 보이는 때: 일 년 내내 / 먹이: 곤충, 거미, 나무 열매

수컷

뒷머리에
붉은색이 있다.

암수 모두 옆구리에
줄무늬가 없다.

어깨깃에 크고 흰 무늬가 있다.

암컷

수컷과 비슷하나
머리에 붉은색이 없다.

쇠딱다구리

크기: 13~15㎝ / 보이는 곳: 산림, 야산, 공원 등 / 도래유형: 텃새 / 보이는 때: 일 년 내내 / 먹이: 곤충, 거미, 나무 열매

수컷

뒷머리에 붉은색 깃이
있으나 잘 보이지 않는다.

어른새

귀깃과 뺨은
갈색 부분 폭이 넓다.

몸 윗면에 굵고 흰
가로 줄무늬가 고르게 있다.
아물쇠딱다구리는
어깨깃의 흰 반점이 크다.

직박구리

크기: 27~30㎝ / 보이는 곳: 산림, 야산, 공원 등 / 도래유형: 텃새 / 보이는 때: 일 년 내내 / 먹이: 열매, 씨앗, 곤충, 거미 / 암수 구별이 어렵다.

어른새

전체적으로 회색이고 귀깃에 커다란 적갈색 반점이 있다.

봄에는 꽃에서 꿀을 빨기 때문에 얼굴에 꽃가루가 묻어 있는 경우가 있다.

어른새

어른새

몸 아랫면에 흰 반점이 있다.

바다직박구리

크기: 22~23㎝ / 보이는 곳: 해안 갯바위, 방파제 등 / 도래유형: 텃새 / 보이는 때: 일 년 내내 /
먹이: 곤충, 갑각류

수컷

머리와 몸 윗면은 파란색이다.

배는 적갈색이다.

어린새

깃 가장자리가
흰색이다.

수컷 어린새는
배가 붉은색이
있다.

푸른바다직박구리

바다직박구리와
생김새가 비슷하나
배 부분도
푸른색이다.

암컷

날개덮깃과 허리에
푸른색 기운이 있다.

호랑지빠귀

크기: 28~30㎝ / 보이는 곳: 산림, 야산 등 / 도래유형: 여름철새 / 보이는 때: 5~9월 / 먹이: 지렁이, 곤충, 거미 등 / 암수 구별이 어렵다.

어른새

전체적으로 황갈색이며 검은색 반점이 있다.

어린새

어른새와 생김새가 비슷하나 황갈색이 더 밝고 연하다.

개똥지빠귀

크기: 23~25㎝ / **보이는 곳:** 농경지, 과수원, 야산, 공원 등 / **도래유형:** 겨울철새 / **보이는 때:** 10~3월 / **먹이:** 곤충, 거미, 지렁이, 열매 등

수컷

배와 가슴에 검은 반점이 뚜렷하다.

셋째날개깃과 날개덮깃의 적갈색이 뚜렷하다.

암컷

수컷에 비해 전체적으로 색이 연하다.

노랑지빠귀

크기: 23~25㎝ / 보이는 곳: 농경지, 과수원, 야산, 공원 등 / 도래유형: 겨울철새 / 보이는 때: 10~3월 / 먹이: 곤충, 거미, 지렁이, 열매 등

수컷

얼굴 주변과 몸 아랫면의
적갈색 무늬가 뚜렷하다.

암컷

수컷에 비해 몸에
적갈색이 연하지만
어린새와 구분이
어렵다.

멱에 검은
줄무늬가 있다.

흰배지빠귀

크기: 23~24㎝ / 보이는 곳: 산림, 야산 등 / 도래유형: 여름철새, 일부 남부 지역은 텃새 / 보이는 때: 5~10월 / 먹이: 곤충, 거미, 나무 열매

수컷

머리는 회색이고
선명한 노란 눈테가 있다.

몸 윗면은 갈색이다.

암컷

수컷에 비해 머리의
회색이 연하고 멱에
검은 줄무늬가 있다.

242

되지빠귀

크기: 20~23㎝ / 보이는 곳: 산림, 야산, 공원 등 / 도래유형: 여름철새 / 보이는 때: 5~10월 / 먹이: 곤충, 거미, 나무 열매 등

수컷

몸 윗면은 청회색이다.

붉은배지빠귀와 달리 가슴이 청회색이다.

암컷

몸 윗면은 수컷에 비해 탁한 청회색이다.

멱과 가슴에는 흰색 바탕에 검은 줄무늬가 있다.

찌르레기

크기: 22~24㎝ / 보이는 곳: 농경지, 초지, 주거지 주변 등 / 도래유형: 텃새 / 보이는 때: 일 년 내내 / 먹이: 곤충, 거미, 열매 등

수컷 번식깃

머리는 검은색이고 흰 부분은 개체에 따라 변화가 심하다.

멱과 가슴의 검은 부분이 넓다.

비번식깃

깃털, 부리, 다리의 색이 연해지며 암수 구별이 어려워진다.

암컷

수컷에 비해 색깔이 연하다.

멱에 연한 갈색 또는 흰색 반점이 있다.

244

붉은부리찌르레기

크기: 22~24㎝ / 보이는 곳: 농경지, 초지, 주거지 주변 등 / 도래유형: 드문 텃새 / 보이는 때: 연중 주로 겨울철 / 먹이: 곤충, 거미, 열매 등

수컷

머리는 광택이 있는 노란색이다.

날개 아랫면

암컷

얼굴의 검은색 선이 수염처럼 보인다.

날개 아랫면에 둥글고 흰 반점이 있다.

흰점찌르레기

크기: 20~22㎝ / 보이는 곳: 농경지, 산림 주변, 풀밭 등 / 도래유형: 나그네새, 일부 겨울철새 / 보이는 때: 9~3월 주로 찌르레기 무리에서 보임 / 먹이: 곤충, 거미, 열매 등 / 암수 구별이 어렵다.

어른새

전체적으로 광택 도는
검은색이며 흰색 반점이
온몸에 퍼져 있다.

비번식깃

전체적으로 광택이 적고
날개깃 가장자리가 갈색이 넓다.

쇠찌르레기

크기: 18~19㎝ / 보이는 곳: 주거지 주변 산림, 경작지 등 / 도래유형: 나그네새, 일부 여름철새 /
보이는 때: 4~6월, 9~10월 / 먹이: 곤충, 거미, 열매 등

수컷

귀깃과 목옆이
적갈색이다.

암컷

가운데 날개덮깃에
흰 반점이 있다.

머리는 황백색이다.

때까치

크기: 19~20㎝ / 보이는 곳: 개활지, 산림 주변, 하천, 과수원 등 / 도래유형: 텃새 / 보이는 때: 일 년 내내 / 먹이: 설치류, 새, 양서류, 파충류, 곤충 등 동물성

수컷

머리는 적갈색이고 등은 회색이다.

날개깃에 흰 반점이 있다.

어린새

부리 기부가 연한 분홍색이다.

몸 윗면에 비늘무늬가 있다.

암컷

눈 앞쪽의 눈선이 거의 보이지 않는다.

몸 아랫면에 비늘무늬가 뚜렷하다.

칡때까치

때까치 무리
때까치과

크기: 18~19㎝ / 보이는 곳: 구릉성 산림, 산림 주변, 계곡 주변 등 / 도래유형: 여름철새 / 보이는 때: 5~10월 / 먹이: 설치류, 새, 양서류, 파충류, 곤충 등 동물성

수컷

머리는 청회색이며
굵고 검은 눈선이 있다.

몸 윗면은 적갈색 바탕에
얼룩무늬가 있다.

암컷

눈 앞쪽에는 눈선이 없다.

수컷과 비슷하나
몸 아랫면에
비늘무늬가 있다.

노랑때까치

크기: 17~20㎝ / 보이는 곳: 관목림, 산림 주변 등 / 도래유형: 나그네새, 일부 드문 여름철새 /
보이는 때: 5~10월 / 먹이: 설치류, 새, 양서류, 파충류, 곤충 등 동물성

수컷

몸 윗면은
회갈색이다.

옆구리는
연한 적갈색이다.

수컷

눈썹선이 진하고
몸 윗면이 붉은
기운이 많은 개체

암컷

수컷과 비슷하나
몸 아랫면에
비늘무늬가 있다.

물때까치

크기: **28~30㎝** / 보이는 곳: 간척지, 농경지, 풀밭 등 / 도래유형: 겨울철새 / 보이는 때: 11~3월 / 먹이: 설치류, 새, 양서류, 파충류, 곤충 등 동물성 / 암수 구별이 어렵다.

어른새

머리와 등은 회색이다.

몸 아래쪽은
무늬 없는 흰색이다.

어른새

첫째날개깃 기부가 흰색이어서
앉았을 때 날개의 흰색 반점으로
보인다.

251

파랑새

크기: 28~30㎝ / **보이는 곳:** 야산, 농경지, 주거지 등 / **도래유형:** 여름철새 / **보이는 때:** 5~9월 / **먹이:** 곤충, 거미 등 / 암수 구별이 어렵다.

어른새

몸 윗면은 녹색 기운이 있는 파란색이다.

부리가 붉은색이다.

어른새

날 때 날개 아랫면에 흰 반점이 보인다.

후투티

크기: 27~29㎝ / 보이는 곳: 야산, 농경지, 주거지 등 / 도래유형: 여름철새 / 보이는 때: 5~9월 /
먹이: 곤충, 거미 등 / 암수 구별이 어렵다.

어른새

부리가 가늘고 길다.

몸 뒤쪽에 흰색과
검은색 얼룩무늬가 있다.

어른새

머리깃을 길고 넓게 펴서 세운다.

쏙독새

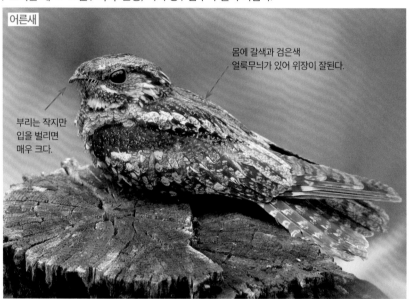

비둘기와 크기가 비슷하지만 생김새 공통점이 없는 새
쏙독새과

크기: 28~29㎝ / 보이는 곳: 산림, 밤나무 농장 등 하층 식생이 적은 산림 / 도래유형: 여름철새 / 보이는 때: 5~10월 / 먹이: 곤충, 거미 등 / 암수 구별이 어렵다.

어른새

몸에 갈색과 검은색 얼룩무늬가 있어 위장이 잘된다.

부리는 작지만 입을 벌리면 매우 크다.

어른새

야행성으로 낮에는 나무나 땅에서 위장하고 잠을 잔다.

팔색조

비둘기와 크기가 비슷하지만 생김새 공통점이 없는 새
팔색조과

크기: 18~20㎝ / 보이는 곳: 습기가 많은 산림 계곡부 / 도래유형: 여름철새 / 보이는 때: 5~8월
/ 먹이: 지렁이, 곤충 등 무척추동물 / 암수 구별이 어렵다.

어른새

눈선이 검은색이며 넓고 크다.

몸 윗면은 청록색이다.

어른새

머리 위는 갈색이다.

배와 아래꼬리덮깃은
붉은색이다.

긴꼬리딱새

비둘기와 크기가 비슷하지만 생김새 공통점이 없는 새
긴꼬리딱새과

크기: ♂44~45㎝, ♀17.5~18.5㎝ / 보이는 곳: 계곡 주변의 활엽수림 / 도래유형: 여름철새 / 보이는 때: 5~9월 / 먹이: 곤충, 거미 등

수컷

눈과 부리는 밝은 파란색이다.

꼬리깃이 매우 길다.

암컷

눈과 부리는 밝은 파란색이다.

몸 윗면과 꼬리는 적갈색이다.

홍여새

크기: 17~18㎝ / 보이는 곳: 공원, 조경수, 과수원 등 / 도래유형: 겨울철새로 번식지 환경에 따라 개체수 변동이 크다. / 보이는 때: 11~4월 / 먹이: 나무 열매, 특히 향나무 열매

어른새

눈 뒤 검은색이
머리 돌출깃까지 이어진다.

꼬리 끝이 붉은색이다.

어른새

멱의 검은색 경계로 암수가 구분된다.
경계가 불분명하면 암컷이다.

황여새

비둘기와 크기가 비슷하지만 생김새 공통점이 없는 새
여새과

크기: 18~20㎝ / 보이는 곳: 공원, 조경수, 과수원 등 / 도래유형: 겨울철새 / 보이는 때: 11~4월 / 먹이: 나무 열매, 특히 향나무 열매

어른새

날개깃 바깥이 노란색이다.

꼬리 끝이 노란색이다

산새

/

참새와
크기가 비슷하거나
작은 새

귀제비

크기: 17~19㎝ / 보이는 곳: 농경지, 시골 마을, 해안 지역, 섬 지역 등 / 도래유형: 여름철새 / 보이는 때: 5~10월 / 먹이: 날아다니는 곤충 / 꼬리깃의 길이로 암수 구별이 가능하나 어렵다.

어른새

몸 아랫면에 붉은 기운이 있고
검은색 세로 줄무늬가 있다.

어른새

허리는 제비와 달리 적갈색이다.

제비

크기: 15.5~18㎝ / 보이는 곳: 농경지, 시골 마을, 해안 지역, 섬 지역 등 / 도래유형: 여름철새 /
보이는 때: 5~10월 / 먹이: 날아다니는 곤충 / 꼬리깃의 길이로 암수 구별이 가능하나 어렵다.

어른새

앞이마와 멱은
적갈색이다.

몸 아랫면은 흰색이다.

붉은배제비(아종)

제비와 달리
몸 아랫면이 적갈색이다.

갈색제비

크기: 12~13㎝ / 보이는 곳: 간척지, 초지, 섬 지역 등 / 도래유형: 나그네새 / 보이는 때: 4~5월, 9~10월 / 먹이: 날아다니는 곤충 / 암수 구별이 어렵다.

어른새

몸 아랫면은 흰색이고
가슴에 흑갈색 띠가 있다.

어른새

몸 윗면은 연한 갈색이고
날개는 검은색이다.

칼새

크기: 17~20㎝ / 보이는 곳: 해안 지역, 섬 지역 등 / 도래유형: 여름철새 / 보이는 때: 5~9월 /
먹이: 날아다니는 곤충 / 암수 구별이 어렵다.

어른새

꼬리가 제비꼬리처럼
갈라졌다.

몸 아랫면에 비늘무늬가 있으나
야외에서는 잘 보이지 않는다.

어른새

멱과 허리는 흰색이다.

개개비

크기: 18~20㎝ / 보이는 곳: 하천, 저수지의 수생식물 주변 등 / 도래유형: 여름철새 / 보이는
때: 5~9월 / 먹이: 곤충, 거미 등 / 암수 구별이 어렵다.

어른새

흰색 눈썹선이 선명하고
머리깃을 자주 세운다.

다리는 검은색에
가까운 붉은색이다.

어른새

몸 윗면은
연한 황갈색이다.

꼬리 끝에 흰 반점이 있으나
마모되면 잘 보이지 않는다.

휘파람새

크기: 16.5~18㎝ / 보이는 곳: 하천 주변, 고산지대 / 도래유형: 여름철새 / 보이는 때: 4~11월 /
먹이: 곤충, 거미 등 / 암수 구별이 어렵다.

어른새

흰색 눈썹선이 있으며
눈 앞쪽 눈썹선은 어둡다.

다리는 분홍색이다.

어른새

정수리와 날개덮깃에 다른 깃과
대비되는 적갈색 기운이 있다.

섬휘파람새

크기: 14~16㎝ / 보이는 곳: 남부 지역 해안 주변, 갈대, 관목림 / 도래유형: 여름철새, 일부 겨울 철새(남부 지역) / 보이는 때: 4~9월, 10~2월 / 먹이: 곤충, 거미 등 / 암수 구별이 어렵다.

어른새

몸 윗면은 붉은 기운이 없는 회색이다.

깃털이 뒤집혀 흰색이 보이는 경우가 많다.

어른새

이마에 황갈색 기운이 있다.

소개개비

크기: 12~13.5㎝ / 보이는 곳: 습지, 관목림 등 / 도래유형: 나그네새 / 보이는 때: 4~5월, 9~10월 / 먹이: 곤충, 거미 등 / 암수 구별이 어렵다.

어른새

굵고 검은
머리옆선이 있다.

허리는
적갈색이다.

어른새

부리에 노란 기운이 강하고
아랫부리 끝에 검은 점이 있다.

멱은 흰색이다.

솔새사촌

크기: 12~13.5㎝ / 보이는 곳: 습지, 관목림 등 / 도래유형: 나그네새 / 보이는 때: 4~5월, 9~10월 / 먹이: 곤충, 거미 등 / 암수 구별이 어렵다.

어른새(봄 이동기)

날개선이 없고 몸 윗면은 어두운 갈색이다.

봄과 가을에 다리 색이 다르다.

어른새(가을 이동기)

흰색 눈썹선의 눈 앞쪽이 뒤쪽보다 좁고 흐리다.

부리는 가늘고 뾰족하다.

산솔새

크기: 12~13㎝ / 보이는 곳: 산림의 계곡부, 관목림 등 / 도래유형: 여름철새 / 보이는 때: 5~9월 / 먹이: 곤충, 거미 등 / 암수 구별이 어렵다.

어른새

아랫부리는 노란색이다.

몸 윗면은 노란 기운이 많은 녹색이다.

어른새

머리에 회색 기운이 돌고 한가운데에 밝은 선이 있다.

황백색 날개선이 1개 있다.

개개비사촌

크기: 12~13㎝ / 보이는 곳: 간척지, 하구 습지 등 / 도래유형: 여름철새, 일부 드문 겨울철새 /
보이는 때: 5~10월 / 먹이: 곤충, 거미 등 / 암수 구별이 어렵다.

번식깃

몸 윗면은 갈색 바탕에
검은 줄무늬가 있다.

꼬리에 검은색
띠가 있다.

비번식깃

몸 윗면에 굵고 흰 줄무늬가 있다.

솔새

크기: 11~13㎝ / 보이는 곳: 이동기 해안가 / 도래유형: 나그네새 / 보이는 때: 4~5월, 9~10월 /
먹이: 곤충, 거미 등 / 암수 구별이 어렵다.

어른새

아랫부리 끝에
검은 반점이 있다.

날개선이 1개 있거나
잘 보이지 않는 경우도 있다.

어른새

머리가 등에 비해 색이 어둡다.

다리는 밝은 노란색이나,
갈색을 띠는 개체도 있다.

되솔새

크기: 11~12㎝ / 보이는 곳: 중북부 우거진 산림의 계곡 / 도래유형: 여름철새 / 보이는 때: 5~9월 / 먹이: 곤충, 거미 등 / 암수 구별이 어렵다.

어른새

날개선이 2개 있다.

다리는 밝은 분홍색이다.

어른새

머리는 등과 구분되는 회색이다.

노랑눈썹솔새

크기: 10~11㎝ / 보이는 곳: 산림, 공원 등 / 도래유형: 나그네새 / 보이는 때: 4~5월, 9~10월 /
먹이: 곤충, 거미 등 / 암수 구별이 어렵다.

어른새

굵고 선명한 노란빛
눈썹선이 있다.

날개깃의 검은색
부분이 넓다.

어른새

아랫부리
기부가 밝다.

날개선이 2개 있다.

노랑허리솔새

크기: 9~10㎝ / 보이는 곳: 산림, 공원 등 / 도래유형: 나그네새 / 보이는 때: 4~5월, 9~10월 / 먹이: 곤충, 거미 등 / 암수 구별이 어렵다.

어른새

정수리에 노란 머리선이 있다.

허리에 노란색 반점이 있다.

어른새

몸 윗면에 밝은 노란색이 많다.

아랫부리 기부는 주황색이다.

숲새

크기: 9.5~10.5㎝ / 보이는 곳: 우거진 산림의 계곡 주변 / 도래유형: 여름철새 / 보이는 때: 4~9월 / 먹이: 곤충, 거미 등 / 암수 구별이 어렵다.

어른새

검은색 눈선이 뚜렷하다.

꼬리가 매우 짧다.

어른새

정수리에 흰색 반점이 있다.

다리는 밝은 분홍색이다.

상모솔새

크기: 9~10㎝ / 보이는 곳: 침엽수림이 많은 숲 / 도래유형: 겨울철새 / 보이는 때: 10~3월 / 먹이: 곤충, 거미 등 / 암수 구별이 어렵다.

수컷

노란 머리 중앙선에 붉은색이 있다.

암컷

머리 중앙선이 노란색이다.

울새

크기: 13.5~14㎝ / 보이는 곳: 산림, 공원 등 / 도래유형: 나그네새 / 보이는 때: 4~5월, 9~10월 /
먹이: 곤충, 거미 등 / 암수 구별이 어렵다.

어른새

눈테는 흰색이다.

꼬리는 적갈색이다.

어른새

꼬리를 자주 치켜 올린다.

어른새

다리는
선홍색이다.

가슴과 배에
비늘무늬가
있다.

딱새

크기: 14~15.5㎝ / 보이는 곳: 주거지, 산림, 공원, 농경지 등 / 도래유형: 텃새 / 보이는 때: 일 년 내내 / 먹이: 곤충, 거미, 나무 열매

수컷

얼굴과 멱은 검은색이다.

몸 아랫면은 적갈색이다.

암컷

전체적으로 연한 갈색이며, 날개에 흰색 반점이 있다.

검은딱새

크기: 13~14㎝ / 보이는 곳: 하천변 초지, 농경지, 간척지 등 / 도래유형: 여름철새 / 보이는 때: 5~11월 / 먹이: 곤충, 거미 등

어른새 수컷
머리와 멱은 검은색이다.
가슴과 배는 적갈색이다.

어린새(가을 이동기)
몸에 적갈색 기운이 강하다.
허리는 선명한 적갈색이다.

어린새(봄 이동기)
머리에 잔줄무늬가 있다.
등의 검은색 줄무늬가 연하다.

어른새 암컷
몸 윗면은 회색 바탕에 검은 줄무늬가 뚜렷하다.
날개덮깃에 흰 무늬가 있다.

유리딱새

크기: 13~15㎝ / 보이는 곳: 산림, 공원, 과수원 등 / 도래유형: 나그네새, 일부 남부 지역 드문 겨울철새 / 보이는 때: 4~5월, 9~10월 / 먹이: 곤충, 거미, 나무 열매

수컷

몸 윗면은 짙은 파란색이다.

옆구리는 주황색이다.

암컷

몸 윗면은 밝은 갈색이다.

옆구리의 주황색이
수컷보다 연하다.

쇠유리새

크기: 13~14㎝ / 보이는 곳: 강원도 산림 계곡부 / 도래유형: 나그네새, 일부 드문 여름철새 / 보이는 때: 4~9월 / 먹이: 곤충, 거미, 나무 열매

수컷

몸 윗면은 파란색이다.

멱과 몸 아랫면은 흰색이다.

어린새 수컷

날개는 갈색이다.

꼬리는 연한 파란색이다.

암컷

멱과 가슴에 비늘무늬가 있다.

다리는 선홍색이다.

큰유리새

크기: 15.5~16.5㎝ / 보이는 곳: 산림 계곡부 / 도래유형: 여름철새 / 보이는 때: 4~9월 / 먹이: 곤충, 거미, 나무 열매

수컷

몸 윗면은 파란색이고 얼굴과 멱은 검은색에 가까운 파란색이다.

몸 아랫면은 흰색이다.

암컷

멱 가운데 흰색 줄무늬가 있다.

꼬리는 연한 적갈색이다.

282

제비딱새

크기: 13~14㎝ / 보이는 곳: 산림 주변, 공원 등 / 도래유형: 나그네새 / 보이는 때: 4~5월, 9~10월 / 먹이: 곤충, 거미, 나무 열매 등 / 암수 구별이 어렵다.

어른새

멱부터 가슴과 옆구리에 선명한 줄무늬가 이어진다.

아래꼬리덮깃에 무늬가 없다.

어른새

몸 윗면은 회색이 도는 갈색이다.

솔딱새

크기: 12~13.5㎝ / 보이는 곳: 산림 주변, 공원 등 / 도래유형: 나그네새 / 보이는 때: 4~5월, 9~10월 / 먹이: 곤충, 거미, 나무 열매 등 / 암수 구별이 어렵다.

어른새

멱과 목 옆쪽에 넓은 흰색 부분이 있다.

가슴과 옆구리에 뭉개진 줄무늬가 있다.

어린새

눈 앞쪽은 탁한 흰색이다.

몸 윗면은 회갈색이다.

쇠솔딱새

크기: 12~13㎝ / 보이는 곳: 산림, 공원 등 / 도래유형: 나그네새 / 보이는 때: 4~5월, 9~10월 /
먹이: 곤충, 거미, 나무 열매 등 / 암수 구별이 어렵다.

어른새

부리 기부가 넓은
노란색이다.

몸 윗면은 밝은 회색이고
첫째날개깃이 짧다.

어른새

몸 아랫면은 흰색이거나
연한 회색이며 무늬가 없다.

아래꼬리덮깃은 흰색이다.

흰눈썹황금새

크기: 13~13.5㎝ / 보이는 곳: 산림, 공원 등 / 도래유형: 드문 여름철새 / 보이는 때: 4~9월 / 먹이: 곤충, 거미 등

수컷

몸 윗면은 검은색이고 흰색 눈썹선이 있다.

몸 아랫면은 밝은 노란색이다.

암컷

허리는 노란색이다.

멱에 비늘무늬가 있다.

날개덮깃에 흰 무늬가 있다.

황금새

크기: 13~13.5㎝ / 보이는 곳: 섬 지역, 해안 지역 등 / 도래유형: 드문 나그네새 / 보이는 때: 4~5월 / 먹이: 곤충, 거미 등

수컷

짙은 노란색 눈썹선이 있다.

멱은 주황색이다.

어린새 수컷

등과 머리에 회색과 검은색이 섞여 있다.

몸 윗면은 노란 기운이 있는 회색이다.

암컷

허리는 적갈색이다.

노랑딱새

딱새 무리
솔딱새과

크기: 12.5~13.5㎝ / 보이는 곳: 열매가 있는 활엽수림대, 공원 등 / 도래유형: 나그네새 / 보이는 때: 4~5월, 9~10월 / 먹이: 곤충, 거미, 나무 열매 등

어른새 수컷

몸 윗면은 검은색이고 눈 뒤에 흰 반점이 있다.

날개덮깃이 흰색이다.

어른새 수컷

멱과 배 절반이 주황색이다.

암컷

몸 아랫면은 주황색이다.

꼬리 가장자리에 흰색이 없다.

어린새 수컷

눈 뒤쪽에 흰 반점이 있다.

꼬리깃 가장자리가
흰색이다.

어린새 암컷

몸 아랫면에 연한
주황색이 있다.

흰색 날개선이 있다.

박새

크기: 14~15㎝ / 보이는 곳: 관목림, 야산, 주거지, 공원 등 / 도래유형: 텃새 / 보이는 때: 일 년 내내 / 먹이: 곤충, 거미, 씨앗 등

수컷

멱에서부터 아랫배까지 굵고 검은 선이 이어진다.

암컷

암수 모두 등은 청록색이고 날개는 청회색이다.

암컷은 가슴과 배의 검은색 선이 가늘다.

쇠박새

크기: 11~12.5㎝ / 보이는 곳: 관목림, 야산, 주거지, 공원 등 / 도래유형: 텃새 / 보이는 때: 일 년 내내 / 먹이: 곤충, 거미, 씨앗 등 / 암수 구별이 어렵다.

어른새

먹에 검은 점이 있다.

배와 옆구리는 노란기가 있는 회색이다.

어른새

몸 윗면은 회갈색이다.

진박새

크기: 10~11㎝ / 보이는 곳: 침엽수림, 야산, 공원 등 / 도래유형: 텃새 / 보이는 때: 일 년 내내 /
먹이: 곤충, 거미, 씨앗 등 / 암수 구별이 어렵다.

어른새

몸 윗면은 회갈색이다.

멱의 검은색
폭이 넓다.

어른새

돌출된 머리깃이 있고
뒤는 흰색이다.

날개선이 2개 있다.

노랑배진박새

크기: 9~10㎝ / 보이는 곳: 섬 지역의 침엽수림, 야산 등 / 도래유형: 나그네새, 일부 겨울철새 /
보이는 때: 4~5월, 9~2월 / 먹이: 곤충, 거미, 씨앗 등

수컷 번식깃

머리는 짙은 검은색이고
비번식기에는 얼룩덜룩해진다.

암수 모두 배는
짙은 노란색이다.

어린새

암컷과 어린새 머리는
노란빛이 도는 갈색이다.

곤줄박이

크기: 13~15㎝ / 보이는 곳: 산림, 공원 등 / 도래유형: 텃새 / 보이는 때: 일 년 내내 / 먹이: 곤충, 거미, 씨앗 등 / 암수 구별이 어렵다.

어른새

이마와 뺨은
연한 노란색이다.

가슴과 배는 적갈색이다.

어른새

정수리에 밝은 노란색 깃이 있다.

멱의 검은색 부분이 넓다.

오목눈이

크기: 14~15㎝ / 보이는 곳: 주거지, 산림, 공원 등 / 도래유형: 텃새 / 보이는 때: 일 년 내내 / 먹이: 곤충, 거미, 씨앗 등 / 암수 구별이 어렵다.

어른새

정수리는 흰색이다.

꼬리가 길다.

흰머리오목눈이(아종)

머리 전체가
흰색이다.

어린새

정수리를 제외한
얼굴이 흑갈색이다.

동박새

크기: 12~13㎝ / 보이는 곳: 남부 지역의 산림, 상록수림 / 도래유형: 텃새 / 보이는 때: 일 년 내내 / 먹이: 곤충, 거미, 동백나무 꿀, 열매 등 / 암수 구별이 어렵다.

어른새

머리와 몸 윗면은 녹색이다.

굵고 흰색인 눈테가 있다.

한국동박새

옆구리의
적갈색 부분이
크고 뚜렷하다.

어른새

몸 아랫면은 흰색이고 간혹 옆구리에
연한 갈색을 띠기도 하지만
한국동박새보다 색이 연하다.

나무발발이

크기: 13~13.5㎝ / 보이는 곳: 중북부 지역의 산림, 공원 등 / 도래유형: 드문 겨울철새 / 보이는 때: 10~3월 / 먹이: 곤충, 거미 등 / 암수 구별이 어렵다.

어른새

흰색 눈썹선이 뚜렷하다.

몸 아랫면은 흰색이다.

어른새

부리는 가늘며 아래로 휘었다.

몸 윗면은 갈색에 얼룩무늬가 있다.

동고비

크기: 13~14㎝ / 보이는 곳: 중북부 지역의 산림, 공원 등 / 도래유형: 텃새 / 보이는 때: 일 년 내내 / 먹이: 곤충, 거미, 씨앗 등 / 암컷은 아래꼬리덮깃 색이 연하다.

어른새

몸 윗면은
청회색이다.

검은 눈선이
뚜렷하다.

어른새

아래꼬리덮깃에
밤색 무늬가 있다.

옆구리는 적갈색이다.

298

쇠동고비

크기: 10~11.5㎝ / 보이는 곳: 중북부 지역의 산림, 고원 등 / 도래유형: 번식지 환경에 따라 월동
개체가 드물게 도래함 / 보이는 때: 겨울철새 / 먹이: 곤충, 거미, 씨앗 등

수컷

수컷은 머리가 검은색이다.

동고비와 달리 굵은 흰색 눈썹선이 있다.

암컷

수컷에 비해 머리 색이 연하다.

299

붉은머리오목눈이

크기: 12~13㎝ / **보이는 곳:** 관목림, 주거지, 산림, 공원 등 / **도래유형:** 텃새 / **보이는 때:** 일 년 내내 / **먹이:** 곤충, 거미, 씨앗 등 / 암수 구별이 어렵다.

어른새

부리가 매우 작다.

꼬리깃이 길다.

어른새

몸 전체가 연한 적갈색이며 날개는 더 짙다.

스윈호오목눈이

크기: 9~12㎝ / 보이는 곳: 저수지, 하천, 간척지 주변 갈대 / 도래유형: 겨울철새 / 보이는 때: 10~4월 / 먹이: 곤충, 거미 등

수컷

머리는 회색이고
검고 굵은 눈선이 있다.

몸 윗면에
적갈색 무늬가 있다.

암컷

머리는 회갈색이고
굵고 짙은 갈색
눈선이 있다.

301

굴뚝새

크기: 10~11㎝ / 보이는 곳: 우거진 산림 계곡(여름), 하천, 관목림(겨울) / 도래유형: 텃새 / 보이는 때: 일 년 내내 / 먹이: 곤충, 거미, 씨앗 등 / 암수 구별이 어렵다.

어른새

꼬리를 자주
치켜 올린다.

몸 전체가 검은 무늬가
있는 적갈색이고
날개깃에 흰 무늬가 있다.

어른새

흐릿한 흰색 눈썹선이 있다.

밀화부리

크기: 19~20㎝ / 보이는 곳: 야산, 공원, 산림 등 / 도래유형: 나그네새 또는 겨울철새(매우 드물게 번식) / 보이는 때: 4~5월, 9~12월 / 먹이: 씨앗, 열매 등

수컷 비번식깃

머리 뒷덜미까지 검은색이다.

옆구리는 적갈색이 뚜렷하다.

수컷 번식깃

번식기가 되면 암수 모두 부리 기부가 금속성 광택이 도는 파란색이 된다.

암컷 비번식깃

머리와 몸 윗면은 회갈색이다.

콩새와 생김새가 비슷하나 옆구리에 적갈색이 있다.

콩새

크기: 15~17㎝ / 보이는 곳: 농경지, 공원, 하천변 등 / 도래유형: 겨울철새 / 보이는 때: 10~3월 / 먹이: 곤충, 거미, 씨앗 등

수컷

머리는 짙은 갈색이고 눈 앞쪽은 검은색이다.

옆구리와 배의 색이 같다.

암컷 번식깃

머리는 밝은 갈색이다.

번식기에는 암수 모두 부리가 청회색으로 변한다.

멋쟁이새

크기: 14~17㎝ / 보이는 곳: 농경지 주변 산림, 과수원, 야산 등 / 도래유형: 겨울철새 / 보이는 때: 11~4월 / 먹이: 씨앗, 겨울눈, 새순 등

수컷

등은 회색이다.

뺨은 붉은색이며 배보다 진하다.

암컷

뒷덜미는 회색이고 등은 갈색이다.

뺨과 몸 아래쪽은 붉은 기운이 도는 갈색이다.

양진이

크기: 16~17㎝ / 보이는 곳: 관목림, 야산, 과수원 등 / 도래유형: 겨울철새 / 보이는 때: 11~3월 / 먹이: 씨앗, 겨울눈 등

어른새 수컷

전체적으로 붉은색이고 이마와 멱에 흰색이 있다.

어린새

어른새 암컷에 비해 줄무늬가 조금 엷은 갈색이다.

어른새 암컷

등은 붉은 기운이 돌고 검은색 줄무늬가 뚜렷하다.

허리는 붉은색이다. 어린 수컷과 구별이 힘들다.

긴꼬리홍양진이

크기: 14~16㎝ / 보이는 곳: 관목림, 야산, 덤불 등 / 도래유형: 겨울철새 / 보이는 때: 11~3월 /
먹이: 씨앗, 새순 등

어른새 수컷

몸 아랫면과
얼굴 주변이 붉은색이다.

꼬리가 몸에 비해 길다.

어린새

몸 윗면은 갈색 바탕에
검은 줄무늬가 있다.

허리는
붉은색이다.

암컷

허리가
붉지 않다.

몸 아랫면에
붉은 기운이 없거나
매우 약하다.

되새

크기: 14~16㎝ / 보이는 곳: 농경지, 하천 주변, 활엽수림 등 / 도래유형: 겨울철새 / 보이는 때: 10~4월 / 먹이: 씨앗 등

수컷

머리와 몸 윗면이
검은색이다.

가슴과 날개덮깃이
적갈색이다.

비번식깃

암수 모두 검은색이 적다.

암컷

수컷에 비해 검은색이 적고
얼굴 옆이 회색이다.

방울새

크기: 13.5~14.5㎝ / 보이는 곳: 농경지, 주거지 주변 산림 등 / 도래유형: 텃새 / 보이는 때: 일년 내내 / 먹이: 씨앗, 겨울눈 등

수컷

날개와 꼬리를 제외한 나머지는 노란 기운이 도는 갈색이다.

수컷 머리는 회색이며, 눈 앞쪽은 어둡고 그 주변은 녹색이다.

어린새

짙은 갈색이고 검은 줄무늬가 있다.

암컷

수컷과 비슷하나 머리에 갈색 기운이 있다. 눈 주변에 녹색이 거의 없다.

검은머리방울새

크기: 12~12.5㎝ / 보이는 곳: 오리나무림, 야산, 하천 주변 등 / 도래유형: 겨울철새 / 보이는 때: 10~4월 / 먹이: 씨앗, 열매 등

수컷

전체적으로 노란색이다.

정수리는 짙은 검은색이다.

어린새

암컷과 비슷하나 날개덮깃이 흰색이고 부리는 어둡다.

몸의 줄무늬가 굵고 많다.

암컷

정수리는 노란색이고 흐린 줄무늬가 있다.

몸 아랫면은 흰색이고 검은 줄무늬가 있다.

참새

크기: 14~15㎝ / 보이는 곳: 주거지, 공원, 농경지 등 / 도래유형: 텃새 / 보이는 때: 일 년 내내 /
먹이: 곤충, 거미, 씨앗, 열매 등 / 암수 구별이 어렵다.

어른새

머리는 적갈색이다.

뺨에 검은 무늬가 있다.

머리가 붉은색에 가깝다.

섬참새 수컷

뺨에 검은 무늬가 없다.

어린새

전체적으로 적갈색 기운이 적고 뺨에 검은 무늬가 없거나 연하다.

부리 기부가 밝다.

섬참새 암컷

몸은 회갈색이고 흰색 눈썹선이 있다.

뺨에 무늬가 없다.

311

바위종다리

크기: 17~18㎝ / 보이는 곳: 산림 정상부 바위지대 / 도래유형: 겨울철새 / 보이는 때: 11~3월 /
먹이: 씨앗, 곤충, 거미 등 / 암수 구별이 어렵다.

어른새

머리와 뒷목은 회색이고
눈은 어두운 붉은색이다.

몸 아랫면에 적갈색 무늬가 있다.

어른새

부리 기부는 밝은 노란색이다.

멱에 반점이 있다.

멧종다리

크기: 14.5~16㎝ / 보이는 곳: 산림 가장자리, 농경지, 초지대 등 / 도래유형: 겨울철새 / 보이는 때: 11~3월 / 먹이: 씨앗, 곤충, 거미 등 / 암수 구별이 어렵다.

어른새

눈썹선과 멱, 가슴은 부드러운 느낌의 밝은 노란색이다.

어른새

몸 윗면은 적갈색이다.

가슴에는 희미한 검은색 무늬가 있다.

313

멧새

크기: 16~17㎝ / 보이는 곳: 하천, 농경지, 간척지 등 / 도래유형: 겨울철새, 일부 드문 텃새 / 보이는 때: 일 년 내내 / 먹이: 곤충, 거미, 씨앗 등

수컷

뺨은 짙은 흑갈색이다.

멱은 흰색이며 가슴의 적갈색과 뚜렷하게 구분된다.

바위멧새

멧새와 달리 머리와 얼굴이 회색이다.

암컷

정수리에 회색 무늬가 있다.

눈 앞쪽은 밝은 흑갈색이다.

수컷에 비해 적갈색이 적다.

노랑턱멧새

크기: 14.5~16㎝ / 보이는 곳: 산림, 공원, 하천, 숲 가장자리 등 / 도래유형: 텃새 / 보이는 때: 일년 내내 / 먹이: 곤충, 거미, 씨앗, 열매 등

수컷

머리에 검은색과 노란색이 있고, 깃을 자주 세운다.

멱은 밝은 노란색이다.

암컷

머리에 갈색과 흐린 노란색이 있다.

수컷에 비해 전체적으로 색이 연하다.

멱에 노란 기운이 있다.

붉은뺨멧새

멧새 무리
멧새과

크기: 15~16㎝ / 보이는 곳: 간척지, 하천, 관목림 / 도래유형: 나그네새, 일부 드문 겨울철새 / 보이는 때: 4~5월, 10~4월 / 먹이: 씨앗, 곤충, 거미 등 / 암수 구별이 어렵다.

수컷

머리는 회색이다.

뺨과 가슴은
적갈색이 선명하다.

암컷

뺨의 적갈색이 수컷에 비해 연하다.

몸 아래쪽도
적갈색이 거의 없다.

검은머리촉새

크기: 14~16㎝ / 보이는 곳: 습지 주변 풀밭, 농경지, 숲 가장자리 등 / 도래유형: 드문 나그네새 / 보이는 때: 4~5월, 9~10월 / 먹이: 씨앗, 열매 등

어른새 수컷

이마, 얼굴, 멱은 짙은 검은색이다.

어른새 수컷

날개덮깃의 흰색이 보이지 않는 경우도 있다.

옆구리에 검은 줄무늬가 있다.

몸 아랫면은 밝은 노란색이다.

어른새 암컷

노란색으로 폭넓은 눈썹선이 있다.

이마, 얼굴, 멱은 갈색이며 검은 반점이 있다.

어린새 수컷

몸 아랫면은 연한 노란색이다.

몸 아랫면은 밝은 노란색이다.

꼬까참새

크기: 14~15㎝ / 보이는 곳: 숲 가장자리, 풀밭 등 / 도래유형: 드문 나그네새 / 보이는 때: 4~5월, 9~10월 / 먹이: 씨앗, 열매 등

어른새 수컷

머리와 멱, 몸 윗면은 적갈색이다.

몸 아랫면은 연한 노란색이다.

어린새 수컷

날개덮깃과 허리만 적갈색이다.

옆구리에는 굵고 검은 줄무늬가 있다.

정수리와 귀깃은 적갈색이다.

어른새 암컷

몸 아랫면은 수컷에 비해 연한 노란색이다.

허리는 선명한 적갈색이다.

촉새

크기: 14~16㎝ / 보이는 곳: 농경지, 숲 가장자리, 하천변 등 / 도래유형: 나그네새, 일부 드문 겨울철새 / 보이는 때: 10~3월 / 먹이: 씨앗, 곤충, 거미, 열매 등

수컷

머리는 회색이고 눈 앞쪽은 검은색이다.

배는 노란색인데 개체마다 농도가 다르다.

섬촉새

멱과 눈썹선이 노란색이다.

암컷

정수리에 갈색 줄무늬가 있다.

배는 연한 노란색이고 줄무늬가 있다.

쑥새

크기: 14.5~15㎝ / 보이는 곳: 하천변, 농경지, 숲 가장자리 등 / 도래유형: 겨울철새 / 보이는 때: 10~3월 / 먹이: 씨앗, 곤충, 거미, 열매 등

수컷

귀깃에 흰 점무늬가 있다.

허리에 적갈색 비늘무늬가 있다.

수컷 번식깃

머리와 뺨이 검은색으로 변한다.

암컷

수컷과 비슷하지만 얼굴에 검은색이 적다.

흰배멧새

크기: 14~15㎝ / 보이는 곳: 계곡 주변 관목림, 하천변 등 / 도래유형: 드문 나그네새 / 보이는
때: 4~5월, 9~10월 / 먹이: 씨앗, 곤충, 거미 등

수컷

머리 중앙선, 눈썹선,
턱선은 흰색이다.

머리와 멱은
검은색이다.

암컷(가을 이동기)

암컷

수컷과 비슷하지만
뺨이 회갈색이다.

가을철 관찰 개체는 얼굴과 몸에 적갈색이 많다.

쇠붉은뺨멧새

크기: 13~13.5cm / 보이는 곳: 간척지, 농경지, 덤불 등 / 도래유형: 나그네새, 일부 드문 겨울철새 / 보이는 때: 4~5월, 10~4월 / 먹이: 씨앗, 곤충, 거미 등 / 암수 구별이 어렵다.

어른새

머리 옆선은 굵고 검은색이다.

얼굴과 귀깃은 적갈색이다.

어른새

가슴과 옆구리에 검은 줄무늬가 있다.

쇠검은머리쑥새

멧새 무리
멧새과

크기: 14~15.5㎝ / 보이는 곳: 간척지, 하천 등 습지의 갈대 / 도래유형: 겨울철새 / 보이는 때: 10~4월 / 먹이: 씨앗, 곤충, 거미 등

수컷 번식깃

머리와 얼굴, 멱이 검은색이다.

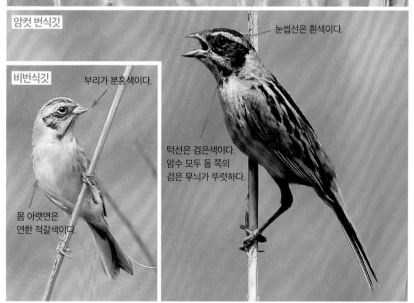

암컷 번식깃

눈썹선은 흰색이다.

비번식깃

부리가 분홍색이다.

몸 아랫면은 연한 적갈색이다.

턱선은 검은색이다. 암수 모두 등 쪽의 검은 무늬가 뚜렷하다.

북방검은머리쑥새

크기: 14~15.5㎝ / **보이는 곳:** 간척지, 하천 등 습지의 갈대 / **도래유형:** 겨울철새 / **보이는 때:** 10~4월 / **먹이:** 씨앗, 곤충, 거미 등

수컷

부리는 뾰족하고
아랫부리 색이 밝다.

작은날개덮깃은
청회색이다.

검은머리쑥새에 비해 다리 색이 밝다.

암컷

머리는 적갈색이다.

암수 모두 몸 윗면이
황갈색이며
검은 무늬가 있다.

날개깃은 황갈색이다.

검은머리쑥새

크기: 14~16㎝ / 보이는 곳: 간척지, 하천 등 습지의 갈대 / 도래유형: 겨울철새 / 보이는 때: 10~4월 / 먹이: 씨앗, 곤충, 거미 등

수컷

암수 모두 부리가 두툼하고 위아래 색깔 차이가 적다.

작은날개덮깃이 적갈색이다.

다리는 짙은 붉은색이다.

번식깃으로 깃갈이 중

흰색 뺨밑선을 제외하고, 머리와 멱이 검은색으로 변한다.

암컷

머리와 귀깃이 수컷과 비교해 적갈색이다.

날개덮깃이 적갈색이다.

한국의 새 목록 541종

(학명, 국명, 영명 순)

Family Gaviidae 아비과

Gavia stellata 아비 Red-throated Loon

Gavia pacifica 회색머리아비 Pacific Loon

Gavia arctica 큰회색머리아비 Black-throated Loon

Gavia adamsii 흰부리아비 Yellow-billed Loon

Family Podicipedidae 논병아리과

Tachybaptus ruficollis 논병아리 Little Grebe

Podiceps nigricollis 검은목논병아리 Black-necked Grebe

Podiceps auritus 귀뿔논병아리 Horned Grebe

Podiceps grisegena 큰논병아리 Red-necked Grebe

Podiceps cristatus 뿔논병아리 Great Crested Grebe

Family Diomedeidae 알바트로스과

Phoebastria albatrus 알바트로스 Short-tailed Albatross

Family Procellariidae 슴새과

Calonectris leucomelas 슴새 Streaked Shearwater

Puffinus carneipes 붉은발슴새 Flesh-footed Shearwater

Puffinus tenuirostris 쇠부리슴새 Short-tailed Shearwater

Bulweria bulwerii 검은슴새 Bulwer's Petrel

Pterodroma hypoleuca 흰배슴새 Bonin Petrel

Family Hydrobatidae 바다제비과

Oceanodroma monorhis 바다제비 Swinhoe's Storm Petrel

Family Pelecanidae 사다새과

Pelecanus crispus 사다새 Dalmatian Pelican

Pelecanus onocrotalus 큰사다새 Greater White Pelican

Family Fregatidae 군함조과

Fregata ariel 군함조 Lesser Frigatebird

Fregata minor 큰군함조 Great Frigatebird

Family Sulidae 얼가니새과

Sula leucogaster 갈색얼가니새 Brown Booby

Sula sula 붉은발얼가니새 Red-footed Booby

Sula dactylatra 푸른얼굴얼가니새 Masked Booby

Family Phalacrocoracidae 가마우지과

Phalacrocorax carbo 민물가마우지 Great Cormorant

Phalacrocorax capillatus 가마우지 Temminck's Cormorant

Phalacrocorax pelagicus 쇠가마우지 Pelagic Cormorant

Phalacrocorax urile 붉은뺨가마우지 Red-faced Cormorant

Family Ardeidae 백로과

Ixobrychus sinensis 덤불해오라기 Yellow Bittern

Ixobrychus eurhythmus 큰덤불해오라기 Von Schrenck's Bittern

Ixobrychus cinnamomeus 열대붉은해오라기 Cinnamon Bittern

Dupetor flavicollis 검은해오라기 Black Bittern

Gorsachius goisagi 붉은해오라기 Japanese Night Heron

Gorsachius melanolophus 푸른눈테해오라기 Malayan Night Heron

Nycticorax nycticorax 해오라기 Black-crowned Night Heron

Butorides striata 검은댕기해오라기 Striated Heron

Ardeola bacchus 흰날개해오라기 Chinese Pond Heron

Bubulcus coromandus 황로 Eastern Cattle Egret

Egretta sacra 흑로 Pacific Reef Heron

Botaurus stellaris 알락해오라기 Eurasian Bittern

Ardea alba 중대백로 Great Egret

Egretta intermedia 중백로 Intermediate Egret

Egretta garzetta 쇠백로 Little Egret

Egretta eulophotes 노랑부리백로 Chinese Egret

Ardea cinerea 왜가리 Grey Heron

Ardea purpurea 붉은왜가리 Purple Heron

Family Ciconiidae 황새과

Ciconia boyciana 황새 Oriental Stork

Ciconia nigra 먹황새 Black Stork

Family Threskiornithidae 저어새과

Platalea leucorodia 노랑부리저어새 Eurasian Spoonbill

Platalea minor 저어새 Black-faced Spoonbill

Nipponia nippon 따오기 Crested Ibis

Threskiornis melanocephalus 검은머리흰따오기 Black-headed Ibis

Family Anatidae 오리과

Branta ruficollis 붉은가슴기러기 Red-breasted Goose

Branta bernicla 흑기러기 Brent Goose

Branta hutchinsii 캐나다기러기 Cackling Goose

Chen caerulescens 흰기러기 Snow Goose

Chen canagica 흰머리기러기 Emperor Goose

Anser indicus 줄기러기 Bar-headed Goose

Anser cygnoides 개리 Swan Goose

Anser anser 회색기러기 Greylag Goose

Anser albifrons 쇠기러기 White-fronted Goose

Anser erythropus 흰이마기러기 Lesser White-fronted Goose

Anser fabalis 큰기러기 Bean Goose

Cygnus olor 혹고니 Mute Swan

Cygnus cygnus 큰고니 Whooper Swan

Cygnus columbianus 고니 Tundra Swan

Tadorna ferruginea 황오리 Ruddy Shelduck

Tadorna tadorna 혹부리오리 Common Shelduck

Tadorna cristata 원앙사촌 Crested Shelduck

Aix galericulata 원앙 Mandarin Duck

Anas platyrhynchos 청둥오리 Mallard

Anas zonorhyncha 흰뺨검둥오리 Eastern Spot-billed Duck

Anas rubripes 미국오리 Mallrad

Anas clypeata 넓적부리 Northern Shoveler

Anas crecca 쇠오리 Eurasian Teal

Anas carolinensis 미국쇠오리 Green-winged Teal

Anas formosa 가창오리 Baikal Teal

Anas falcata 청머리오리 Falcated Duck

Anas querquedula 발구지 Garganey

Anas strepera 알락오리 Gadwall

Anas penelope 홍머리오리 Eurasian Wigeon

Anas americana 아메리카홍머리오리 American Wigeon

Anas acuta 고방오리 Northern Pintail

Netta rufina 붉은부리흰죽지 Red-crested Pochard

Aythya ferina 흰죽지 Common Pochard

Aythya americana 미국흰죽지 Redhead

Aythya valisineria 큰흰죽지 Canvasback

Aythya fuligula 댕기흰죽지 Tufted Duck

Aythya collaris 북미댕기흰죽지 Ring-necked Duck

Aythya marila 검은머리흰죽지 Greater Scaup

Aythya affinis 쇠검은머리흰죽지 Lesser Scaup

Aythya baeri 붉은가슴흰죽지 Baer's Pochard

Aythya nyroca 적갈색흰죽지 Ferruginous Duck

Histrionicus histrionicus 흰줄박이오리 Harlequin Duck

Bucephala albeola 꼬마오리 Bufflehead

Bucephala clangula 흰뺨오리 Common Goldeneye

Bucephala islandica 북방흰뺨오리 Barrow's Goldeneye

Clangula hyemalis 바다꿩 Long-tailed Duck

Melanitta americana 검둥오리 Black Scoter

Melanitta deglandi 검둥오리사촌 White-winged Scoter

Somateria spectabilis 호사북방오리 King Eider

Mergellus albellus 흰비오리 Smew

Mergus serrator 바다비오리 Red-breasted Merganser

Mergus squamatus 호사비오리 Scaly-sided Merganser

Mergus merganser 비오리 Common Merganser

Family Pandionidae 물수리과
Pandion haliaetus 물수리 Western Osprey

Family Accipitridae 수리과
Pernis ptilorhynchus 벌매 Crested Honey Buzzard

Milvus migrans 솔개 Black Kite

Nisaetus nipalensis 뿔매 Mountain Hawk Eagle

Elanus caeruleus 검은어깨매 Black-winged Kite

Spilornis cheela 관수리 Crested Serpent Eagle

Hieraaetus pennatus 흰점어깨수리 Booted Eagle

Aquila fasciata 흰배줄무늬수리 Bonelli's Eagle

Haliaeetus albicilla 흰꼬리수리 White-tailed Sea Eagle

Haliaeetus pelagicus 참수리 Steller's Sea Eagle

Aquila chrysaetos 검독수리 Golden Eagle

Aegypius monachus 독수리 Cinereous Vulture

Gyps himalayensis 고산대머리수리 Himalayan Vulture

Gypaetus barbatus 수염수리 Bearded Vulture

Clanga clanga 항라머리검독수리 Greater Spotted Eagle

Aquila nipalensis 초원수리 Steppe Eagle

Aquila heliaca 흰죽지수리 Eastern Imperial Eagle

Accipiter gentilis 참매 Northern Goshawk

Accipiter soloensis 붉은배새매 Chinese Sparrowhawk

Accipiter gularis 조롱이 Japanese Sparrowhawk

Accipiter nisus 새매 Eurasian Sparrowhawk

Buteo lagopus 털발말똥가리 Rough-legged Buzzard

Buteo hemilasius 큰말똥가리 Upland Buzzard

Buteo japonicus 말똥가리 Eastern Buzzard

Butastur indicus 왕새매 Grey-faced Buzzard

Circus cyaneus 잿빛개구리매 Hen Harrier

Circus melanoleucos 알락개구리매 Pied Harrier

Circus spilonotus 개구리매 Eastern Marsh Harrier

Family Falconidae 매과
Falco peregrinus 매 Peregrine Falcon

Falco cherrug 헨다손매 Saker Falcon

Falco rusticolus 흰매 Gyrfalcon

Falco columbarius 쇠황조롱이 Merlin

Falco amurensis 비둘기조롱이 Amur Falcon

Falco subbuteo 새호리기 Eurasian Hobby

Falco tinnunculus 황조롱이 Common Kestrel

Family Phasianidae 꿩과

Lyrurus tetrix 멧닭 Black Grouse

Tetrastes bonasia 들꿩 Hazel Grouse

Phasianus colchicus 꿩 Ring-necked Pheasant

Coturnix japonica 메추라기 Japanese Quail

Family Rallidae 뜸부기과

Coturnicops exquisitus 알락뜸부기 Swinhoe' Rail

Rallus indicus 흰눈썹뜸부기 Brown-cheeked Rail

Porzana pusilla 쇠뜸부기 Baillon's Crake

Porzana fusca 쇠뜸부기사촌 Ruddy-breasted Crake

Porzana paykullii 한국뜸부기 Band-bellied Crake

Amaurornis phoenicurus 흰배뜸부기 White-breasted Waterhen

Gallinula chloropus 쇠물닭 Common Moorhen

Gallicrex cinerea 뜸부기 Watercock

Fulica atra 물닭 Eurasian Coot

Family Gruidae 두루미과

Grus grus 검은목두루미 Common Crane

Grus japonensis 두루미 Red-crowned Crane

Grus vipio 재두루미 White-naped Crane

Grus monacha 흑두루미 Hooded Crane

Grus canadensis 캐나다두루미 Sandhill Crane

Grus virgo 쇠재두루미 Demoiselle Crane

Grus leucogeranus 시베리아흰두루미 Siberian Crane

Family Otididae 느시과

Otis tarda 느시 Great Bustard

Family Turnicidae 세가락메추라기과

Turnix tanki 세가락메추라기 Yellow-legged Buttonquail

Family Charadriidae 물떼새과

Charadrius hiaticula 흰죽지꼬마물떼새 Common Ringed Plover

Charadrius dubius 꼬마물떼새 Little Ringed Plover

Charadrius placidus 흰목물떼새 Long-billed Plover

Charadrius alexandrinus 흰물떼새 Kentish Plover

Charadrius mongolus 왕눈물떼새 Lesser Sand Plover

Charadrius leschenaultii 큰왕눈물떼새 Greater Sand Plover

Charadrius veredus 큰물떼새 Oriental Plover

Charadrius morinellus 흰눈썹물떼새 Eurasian Dotterel

Pluvialis fulva 검은가슴물떼새 Pacific Golden Plover

Pluvialis squatarola 개꿩 Grey Plover

Vanellus cinereus 민댕기물떼새 Grey-headed Lapwing

Vanellus vanellus 댕기물떼새 Northern Lapwing

Family Rostratulidae 호사도요과

Rostratula benghalensis 호사도요 Greater Painted Snipe

Family Haematopodidae 검은머리물떼새과

Haematopus ostralegus 검은머리물떼새 Eurasian Oystercatcher

Family Jacanidae 물꿩과

Hydrophasianus chirurgus 물꿩 Pheasant-tailed Jacana

Family Scolopacidae 도요과

Calidris ruficollis 좀도요 Red-necked Stint

Calidris minuta 작은도요 Little Stint

Calidris subminuta 종달도요 Long-toed Stint

Calidris temminckii 흰꼬리좀도요 Temminck's Stint

Calidris melanotos 아메리카메추라기도요 Pectoral Sandpiper

Calidris acuminata 메추라기도요 Sharp-tailed Sandpiper

Calidris alpina 민물도요 Dunlin

Calidris ferruginea 붉은갯도요 Curlew Sandpiper

Calidris canutus 붉은가슴도요 Red Knot

Calidris tenuirostris 붉은어깨도요 Great Knot

Arenaria interpres 꼬까도요 Ruddy Turnstone

Calidris alba 세가락도요 Sanderling

Eurynorhynchus pygmeus 넓적부리도요 Spoon-billed Sandpiper

Tryngites subruficollis 누른도요 Buff-breasted Sandpiper

Limicola falcinellus 송곳부리도요 Broad-billed Sandpiper

Phalaropus fulicarius 붉은배지느러미발도요 Red Phalarope

Phalaropus lobatus 지느러미발도요 Red-necked Phalarope

Phalaropus tricolor 큰지느러미발도요 Wilson's Phalarope

Philomachus pugnax 목도리도요 Ruff

Tringa erythropus 학도요 Spotted Redshank

Tringa totanus 붉은발도요 Common Redshank

Tringa stagnatilis 쇠청다리도요 Marsh Sandpiper

Tringa nebularia 청다리도요 Common Greenshank

Tringa melanoleuca 큰노랑발도요 Greater Yellowlegs

Tringa guttifer 청다리도요사촌 Nordmann's Greenshank

Xenus cinereus 뒷부리도요 Terek Sandpiper

Tringa ochropus 삑삑도요 Green Sandpiper

Tringa glareola 알락도요 Wood Sandpiper

Tringa brevipes 노랑발도요 Grey-tailed Tattler

Actitis hypoleucos 깝작도요 Common Sandpiper

Limosa limosa 흑꼬리도요 Black-tailed Godwit

Limosa lapponica 큰뒷부리도요 Bar-tailed Godwit

Limnodromus semipalmatus 큰부리도요 Asian Dowitcher

Limnodromus scolopaceus 긴부리도요 Long-billed Dowitcher

Numenius arquata 마도요 Eurasian Curlew

Numenius madagascariensis 알락꼬리마도요 Far Far Eastern Curlew

Numenius phaeopus 중부리도요 Whimbrel

Numenius minutus 쇠부리도요 Little Curlew

Gallinago gallinago 꺅도요 Common Snipe

Gallinago stenura 바늘꼬리도요 Pintail Snipe

Gallinago megala 꺅도요사촌 Swinhoe's Snipe

Gallinago hardwickii 큰꺅도요 Latham's Snipe

Gallinago solitaria 청도요 Solitary Snipe

Lymnocryptes minimus 꼬마도요 Jack Snipe

Scolopax rusticola 멧도요 Eurasian Woodcock

Family Recurvirostridae 장다리물떼새과

Himantopus himantopus 장다리물떼새 Black-winged Stilt

Recurvirostra avosetta 뒷부리장다리물떼새 Pied Avocet

Family Glareolidae 제비물떼새과

Glareola maldivarum 제비물떼새 Oriental Pratincole

Family Stercorariidae 도둑갈매기과

Stercorarius longicaudus 긴꼬리도둑갈매기 Long-tailed Jaeger

Stercorarius parasiticus 북극도둑갈매기 Parasitic Jaeger

Stercorarius pomarinus 넓적꼬리도둑갈매기 Pomarine Skua

Stercorarius maccormicki 큰도둑갈매기 South Polar Skua

Family Laridae 갈매기과

Hydrocoloeus minutus 꼬마갈매기 Little Gull

Xema sabini 목테갈매기 Sabine's Gull

Rissa tridactyla 세가락갈매기 Black-legged Kittiwake

Larus canus 갈매기 Common Gull

Chroicocephalus saundersi 검은머리갈매기 Saunders' Gull

Chroicocephalus ridibundus 붉은부리갈매기 Black-headed Gull

Chroicocephalus genei 긴목갈매기 Slender-billed Gull

Ichthyaetus relictus 고대갈매기 Relict Gull

Larus thayeri 작은재갈매기 Thayer's Gull

Larus vegae 재갈매기 Vega Gull

Larus mongolicus 한국재갈매기 Mongolian Gull

Larus smithsonianus 옅은재갈매기 American Herring Gull

Larus crassirostris 괭이갈매기 Black-tailed Gull

Larus heuglini 줄무늬노랑발갈매기 Heuglin's Gull

Larus schistisagus 큰재갈매기 Slaty-backed Gull

Ichthyaetus ichthyaetus 큰검은머리갈매기 Pallas's Gull

Larus glaucescens 수리갈매기 Glaucous-winged Gull

Larus hyperboreus 흰갈매기 Glaucous Gull

Larus glaucoides 작은흰갈매기 Iceland Gull

Pagophila eburnea 북극흰갈매기 Ivory Gull

Chlidonias hybridus 구레나룻제비갈매기 Whiskered Tern

Chlidonias leucopterus 흰죽지제비갈매기 White-winged Tern

Chlidonias niger 검은제비갈매기 Black Tern

Sternula albifrons 쇠제비갈매기 Little Tern

Gelochelidon nilotica 큰부리제비갈매기 Gull-billed Tern

Thalasseus bergii 큰제비갈매기 Greater Crested Tern

Hydroprogne caspia 붉은부리큰제비갈매기 Caspian Tern

Sterna hirundo 제비갈매기 Common Tern

Onychoprion aleuticus 알류샨제비갈매기 Aleutian Tern

Sterna dougallii 긴꼬리제비갈매기 Roseate Tern

Onychoprion anaethetus 에위니아제비갈매기 Bridled Tern

Onychoprion fuscatus 검은등제비갈매기 Sooty Tern

Family Alcidae 바다오리과

Uria aalge 바다오리 Common Murre

Uria lomvia 큰부리바다오리 Thick-billed Murre

Cerorhinca monocerata 흰수염바다오리 Rhinoceros Auklet

Fratercula cirrhata 댕기바다오리 Tufted Puffin

Cepphus carbo 흰눈썹바다오리 Spectacled Guillemot

Brachyramphus perdix 알락쇠오리 Long-billed Murrelet

Synthliboramphus antiquus 바다쇠오리 Ancient Murrelet

Synthliboramphus wumizusume 뿔쇠오리 Crested Murrelet

Aethia pusilla 작은바다오리 Least Auklet

Family Columbidae 비둘기과

Treron sieboldii 녹색비둘기 White-bellied Green Pigeon

Columba janthina 흑비둘기 Black Wood Pigeon

Columba rupestris 양비둘기 Hill Pigeon

Columba oenas 분홍가슴비둘기 Stock Dove

Streptopelia decaocto 염주비둘기 Eurasian Collared Dove

Streptopelia tranquebarica 홍비둘기 Red Turtle Dove

Streptopelia orientalis 멧비둘기 Oriental Turtle Dove

pilopelia chinensis 목점박이비둘기 Spotted Dove

Family Pteroclididae 사막꿩과

Syrrhaptes paradoxus 사막꿩 Pallas's Sandgrouse

Family Cuculidae 두견이과

Hierococcyx hyperythrus 매사촌 Rufous Hawk-Cuckoo

Hierococcyx sparverioides 큰매사촌 Large Hawk-Cuckoo

Cuculus canorus 뻐꾸기 Common Cuckoo

Cuculus optatus 벙어리뻐꾸기 Oriental Cuckoo

Cuculus micropterus 검은등뻐꾸기 Indian Cuckoo

Cuculus poliocephalus 두견이 Lesser Cuckoo

Surniculus dicruroides 검은두견이 Fork-tailed Drongo-Cuckoo

Eudynamys scolopaceus 검은뻐꾸기 Asian Koel

Centropus bengalensis 작은뻐꾸기사촌 Lesser Coucal

Clamator coromandus 밤색날개뻐꾸기 Chestnut-winged Cuckoo

Family Strigidae 올빼미과

Bubo scandiacus 흰올빼미 Snowy Owl

Bubo bubo 수리부엉이 Eurasian Eagle-Owl

Asio otus 칡부엉이 Long-eared Owl

Asio flammeus 쇠부엉이 Short-eared Owl

Strix aluco 올빼미 Tawny Owl

Strix uralensis 긴점박이올빼미 Ural Owl

Surnia ulula 긴꼬리올빼미 Northern Hawk-Owl

Ninox japonica 솔부엉이 Northern Boobook

Otus sunia 소쩍새 Oriental Scops Owl

Otus semitorques 큰소쩍새 Japanese Scops Owl

Athene noctua 금눈쇠올빼미 Little Owl

Family Tytonidae 가면올빼미과

Tyto longimembris 가면올빼미 Eastern Grass Owl

Family Apodidae 칼새과

Hirundapus caudacutus 바늘꼬리칼새 White-throated Needletail

Apus nipalensis 쇠칼새 House Swift

Apus pacificus 칼새 Pacific Swift

Aerodramus brevirostris 작은칼새 Himalayan Swiftlet

Family Alcedinidae 물총새과

Megaceryle lugubris 뿔호반새 Crested Kingfisher

Halcyon pileata 청호반새 Black-capped Kingfisher

Halcyon coromanda 호반새 Ruddy Kingfisher

Alcedo atthis 물총새 Common Kingfisher

Family Coraciidae 파랑새과

Eurystomus orientalis 파랑새 Oriental Dollarbird

Family Upupidae 후투티과

Upupa epops 후투티 Common Hoopoe

Family Caprimulgidae 쏙독새과

Caprimulgus jotaka 쏙독새 Grey Nightjar

Family Picidae 딱다구리과

Jynx torquilla 개미잡이 Eurasian Wryneck

Dendrocopos canicapillus 아물쇠딱다구리 Grey-capped Woodpecker

Dendrocopos kizuki 쇠딱다구리 Japanese Pygmy Woodpecker

Dendrocopos minor 쇠오색딱다구리 Lesser Spotted Woodpecker

Dendrocopos major 오색딱다구리 Great Spotted Woodpecker

Dendrocopos leucotos 큰오색딱다구리 White-backed Woodpecker

Dendrocopos hyperythrus 붉은배오색딱다구리 Rufous-bellied Woodpecker

Picoides tridactylus 세가락딱다구리 Eurasian Three-toed Woodpecker

Picus canus 청딱다구리 Grey-headed Woodpecker

Dryocopus martius 까막딱다구리 Black Woodpecker

Dryocopus javensis 크낙새 White-bellied Woodpecker

Family Pittidae 팔색조과

Pitta nympha 팔색조 Fairy Pitta

Pitta moluccensis 푸른날개팔색조 Blue-winged Pitta

Family Alaudidae 종다리과

Calandrella brachydactyla 쇠종다리 Greater Short-toed Lark

Calandrella cheleensis 북방쇠종다리 Asian Short-toed Lark

Alauda arvensis 종다리 Eurasian Skylark

Alauda gulgula 남방종다리 Oriental Skylark

Galerida cristata 뿔종다리 Crested Lark

Eremophila alpestris 해변종다리 Horned Lark

Family Hirundinidae 제비과

Hirundo rustica 제비 Barn Swallow

Cecropis daurica 귀제비 Red-rumped Swallow

Riparia riparia 갈색제비 Sand Martin

Ptyonoprogne rupestris 바위산제비 Eurasian Crag Martin

Delichon dasypus 흰털발제비 Asian House Martin

Delichon urbicum 흰턱제비 Common House Martin

Family Motacillidae 할미새과

Motacilla flava 긴발톱할미새 Yellow Wagtail

Motacilla citreola 노랑머리할미새 Citrine Wagtail

Motacilla cinerea 노랑할미새 Grey Wagtail

Motacilla alba 알락할미새 White Wagtail

Motacilla grandis 검은등할미새 Japanese Wagtail

Anthus richardi 큰밭종다리 Richard's Pipit

Anthus godlewskii 쇠밭종다리 Blyth's Pipit

Anthus gustavi 흰등밭종다리 Pechora Pipit

Anthus cervinus 붉은가슴밭종다리 Red-throated Pipit

Anthus rubescens 밭종다리 Buff-bellied Pipit

Anthus spinoletta 옅은밭종다리 Water Pipit

Anthus roseatus 한국밭종다리 Rosy Pipit

Anthus hodgsoni 힝둥새 Olive-backed Pipit

Anthus pratensis 풀밭종다리 Meadow Pipit

Anthus trivialis 나무밭종다리 Tree Pipit

Dendronanthus indicus 물레새 Forest Wagtail

Family Campephagidae 할미새사촌과

Pericrocotus divaricatus 할미새사촌 Ashy Minivet

Pericrocotus tegimae 검은가슴할미새사촌 Ryukyu Minivet

Coracina melaschistos 검은할미새사촌 Black-winged Cuckooshrike

Family Pycnonotidae 직박구리과

Hypsipetes amaurotis 직박구리 Brown-eared Bulbul

Pycnonotus sinensis 검은이마직박구리 Light-vented Bulbul

Family Laniidae 때까치과

Lanius excubitor 재때까치 Great Grey Shrike

Lanius sphenocercus 물때까치 Chinese Grey Shrike

Lanius schach 긴꼬리때까치 Long-tailed Shrike

Lanius tigrinus 칡때까치 Tiger Shrike

Lanius bucephalus 때까치 Bull-headed Shrike

Lanius cristatus 노랑때까치 Brown Shrike

Lanius collurio 붉은등때까치 Red-backed Shrike

Family Bombycillidae 여새과

Bombycilla garrulus 황여새 Bohemian Waxwing

Bombycilla japonica 홍여새 Japanese Waxwing

Family Cinclidae 물까마귀과

Cinclus pallasii 물까마귀 Brown Dipper

Family Troglodytidae 굴뚝새과

Troglodytes troglodytes 굴뚝새 Eurasian Wren

Family Prunellidae 바위종다리과

Prunella collaris 바위종다리 Alpine Accentor

Prunella rubida 쇠바위종다리 Japanese Accentor

Prunella montanella 멧종다리 Siberian Accentor

Family Muscicapidae 솔딱새과

Lavivora sibilans 울새 Rufous-tailed Robin

Calliope calliope 진홍가슴 Siberian Rubythroat

Luscinia svecica 흰눈썹울새 Bluethroat

Lavivora cyane 쇠유리새 Siberian Blue Robin

Tarsiger cyanurus 유리딱새 Red-flanked Bluetail

Phoenicurus ochruros 검은머리딱새 Black Redstart

Phoenicurus auroreus 딱새 Daurian Redstart

Saxicola stejnegeri 검은딱새 Stejneger's Stonechat

Saxicola ferreus 검은빰딱새 Grey Bushchat

Larvivora akahige 붉은가슴울새 Japanese Robin

Erithacus rubecula 꼬까울새 European Robin

Phoenicurus fuliginosus 부채꼬리바위딱새 Plumbeous Water Redstart

Phoenicurus leucocephalus 흰머리바위딱새 White-caped Redstart

Oenanthe oenanthe 사막딱새 Northern Wheatear

Oenanthe pleschanka 검은등사막딱새 Pied Wheatear

Oenanthe deserti 검은꼬리사막딱새 Desert Wheatear

Oenanthe isabellina 긴다리사막딱새 Isabelline Wheatear

Ficedula zanthopygia 흰눈썹황금새 Yellow-rumped Flycatcher

Ficedula narcissina 황금새 Narcissus Flycatcher

Ficedula elisae 북방황금새 Green-backed Flycatcher

Ficedula mugimaki 노랑딱새 Mugimaki Flycatcher

Cyanoptila cyanomelana 큰유리새 Blue-and-white Flycatcher

Eumyias thalassinus 파랑딱새 Verditer Flycatcher

Niltava davidi 붉은가슴딱새 Fujian Niltava

Ficedula albicilla 흰꼬리딱새 Taiga Flycatcher

Ficedula parva 붉은가슴흰꼬리딱새 Red-breasted Flycatcher

Muscicapa sibirica 솔딱새 Dark-sided Flycatcher

Muscicapa griseisticta 제비딱새 Grey-streaked Flycatcher

Muscicapa latirostris 쇠솔딱새 Asian Brown Flycatcher

Muscicapa ferruginea 회색머리딱새 Ferruginous Flycatcher

Monticola solitarius 바다직박구리 Blue Rock Thrush

Monticola gularis 꼬까직박구리 White-throated Rock Thrush

Family Turdidae 지빠귀과

Geokichla citrina 귤빛지빠귀 Orange-headed Thrush

Turdus pallidus 흰배지빠귀 Pale Thrush

Turdus hortulorum 되지빠귀 Grey-backed Thrush

Turdus chrysolaus 붉은배지빠귀 Brown-headed Thrush

Turdus obscurus 흰눈썹붉은배지빠귀 Eyebrowed Thrush

Zoothera aurea 호랑지빠귀 White's Thrush

Turdus mupinensis 큰점지빠귀 Chinese Thrush

Turdus eunomus 개똥지빠귀 Dusky Thrush

Turdus naumanni 노랑지빠귀 Naumann's Thrush

Geokichla sibirica 흰눈썹지빠귀 Siberian Thrush

Turdus cardis 검은지빠귀 Japanese Thrush

Turdus atrogularis 검은목지빠귀 Black-throated Thrush

Turdus ruficollis 붉은목지빠귀 Red-throated Thrush

Turdus iliacus 붉은날개지빠귀 Redwing

Trudus pilaris 회색머리지빠귀 Fieldfare

Turdus merula 대륙검은지빠귀 Common Blackbird

Family Cettidae 휘파람새과
Urosphena squameiceps 숲새 Asian Stubtail
Horornis canturians 휘파람새 Manchurian Bush Warbler
Horornis diphone 섬휘파람새 Japanese Bush Warbler

Family Acrocephalidae 개개비과
Iduna caligata 쇠덤불개개비 Booted Warbler
Acrocephalus agricola 북방쇠개개비 Paddyfield Warbler
Acrocephalus bistrigiceps 쇠개개비 Black-browed Reed Warbler
Acrocephalus orientalis 개개비 Oriental Reed Warbler
Iduna aedon 큰부리개개비 Thick-billed Warbler

Family Locustellidae 섬개개비과
Locustella fasciolata 붉은허리개개비 Gray's Grasshopper Warbler
Locustella certhiola 북방개개비 Pallas's Grasshopper Warbler
Locustella lanceolata 쥐발귀개개비 Lanceolated Grasshopper Warbler
Locustella ochotensis 알락꼬리쥐발귀 Middendorff's Grasshopper Warbler
Locustella pleskei 섬개개비 Styan's Grasshopper Warbler
Locustella pryeri 큰개개비 Marsh Grassbird
Locustella davidi 점무늬가슴쥐발귀 Baikal Bush Warbler

Family Cisticolidae 개개비사촌과
Cisticola juncidis 개개비사촌 Zitting Cisticola

Family Sylviidae 꼬리치레과
Rhopophilus pekinensis 꼬리치레 Chinese Hill Warbler
Sinosuthora webbiana 붉은머리오목눈이 Vinous-throated Parrotbill
Sylvia curruca 쇠흰턱딱새 Lesser Whitethroat
Sylvia nisoria 비늘무늬덤불개개비 Barred Warbler

Family Regulidae 상모솔새과
Regulus regulus 상모솔새 Goldcrest

Family Phylloscopidae 솔새과
Phylloscopus fuscatus 솔새사촌 Dusky Warbler
Phylloscopus schwarzi 긴다리솔새사촌 Radde's Warbler
Phylloscopus inornatus 노랑눈썹솔새 Yellow-browed Warbler
Phylloscopus humei 연노랑눈썹솔새 Hume's Leaf Warbler
Phylloscopus proregulus 노랑허리솔새 Pallas's Leaf Warbler
Phylloscopus xanthodryas 솔새 Japanese Leaf Warbler
Phylloscopus borealis 쇠솔새 Arctic Warbler

Phylloscopus tenellipes 되솔새 Pale-legged Leaf Warbler
Phylloscopus borealoides 사할린되솔새 Sakhalin Leaf Warbler
Phylloscopus coronatus 산솔새 Eastern Crowned Warbler
Phylloscopus plumbeitarsus 버들솔새 Two-barred Warbler
Phylloscopus collybita 검은다리솔새 Common Chiffchaff
Phylloscopus trochilus 연노랑솔새 Willow Warbler
Phylloscopus occisinensis 노랑배솔새사촌 Alpine Leaf Warbler
Phylloscopus claudiae 히말라야산솔새 Claudia's Leaf Warbler

Family Monarchidae 긴꼬리딱새과
Terpsiphone paradisi 북방긴꼬리딱새 Asian Paradise Flycatcher
Terpsiphone atrocaudata 긴꼬리딱새 Japanese Paradise Flycatcher

Family Panuridae 수염오목눈이과
Panurus biarmicus 수염오목눈이 Bearded Reedling

Family Aegithalidae 오목눈이과
Aegithalos caudatus 오목눈이 Long-tailed Tit

Family Remizidae 스윈호오목눈이과
Remiz consobrinus 스윈호오목눈이 Chinese Penduline Tit

Family Paridae 박새과
Sittiparus varius 곤줄박이 Varied Tit
Parus major 박새 Great Tit
Poecile palustris 쇠박새 Marsh Tit
Poecile montanus 북방쇠박새 Willow Tit
Periparus ater 진박새 Coal Tit
Pardaliparus venustulus 노랑배진박새 Yellow-bellied Tit

Family Sittidae 동고비과
Sitta europaea 동고비 Eurasian Nuthatch
Sitta villosa 쇠동고비 Chinese Nuthatch

Family Certhiidae 나무발발이과
Certhia familiaris 나무발발이 Eurasian Treecreeper

Family Zosteropidae 동박새과
Zosterops japonicus 동박새 Japanese White-eye
Zosterops erythropleurus 한국동박새 Chestnut-flanked White-eye

Family Emberizidae 멧새과
Emberiza leucocephalos 흰머리멧새 Pine Bunting
Emberiza citrinella 노랑멧새 Yellowhammer
Emberiza cioides 멧새 Meadow Bunting

Emberiza jankowskii 점박이멧새 Jankowski's Bunting

Emberiza rustica 쑥새 Rustic Bunting

Emberiza tristrami 흰배멧새 Tristram's Bunting

Emberiza chrysophrys 노랑눈썹멧새 Yellow-browed Bunting

Emberiza elegans 노랑턱멧새 Yellow-throated Bunting

Emberiza aureola 검은머리촉새 Yellow-breasted Bunting

Emberiza rutila 꼬까참새 Chestnut Bunting

Emberiza bruniceps 붉은머리멧새 Red-headed Bunting

Emberiza melanocephala 검은머리멧새 Black-headed Bunting

Emberiza sulphurata 무당새 Yellow Bunting

Emberiza hortulana 회색머리멧새 Ortolan Bunting

Emberiza godlewskii 바위멧새 Godlewskii's Bunting

Emberiza fucata 붉은뺨멧새 Chestnut-eared Bunting

Emberiza pusilla 쇠붉은뺨멧새 Little Bunting

Emberiza yessoensis 쇠검은머리쑥새 Japanese Reed Bunting

Emberiza pallasi 북방검은머리쑥새 Pallas's Reed Bunting

Emberiza schoeniclus 검은머리쑥새 Common Reed Bunting

Emberiza spodocephala 촉새 Black-faced Bunting

Emberiza variabilis 검은멧새 Grey Bunting

Zonotrichia leucophrys 흰정수리멧새 White-crowned Sparrow

Zonotrichia atricapilla 노랑정수리멧새 Golden-crowned Sparrow

Passerculus sandwichensis 초원멧새 Savannah Sparrow

Family Calcariidae 긴발톱멧새과

Calcarius lapponicus 긴발톱멧새 Lapland Longspur

Plectrophenax nivalis 흰멧새 Snow Bunting

Family Fringillidae 되새과

Chloris sinica 방울새 Grey-capped Greenfinch

Spinus spinus 검은머리방울새 Eurasian Siskin

Acanthis flammea 홍방울새 Common Redpoll

Acanthis hornemanni 쇠홍방울새 Arctic Redpoll

Fringilla montifringilla 되새 Brambling

Carpodacus erythrinus 붉은양진이 Common Rosefinch

Carpodacus roseus 양진이 Pallas's Rosefinch

Carpodacus sibiricus 긴꼬리홍양진이 Long-tailed Rosefinch

Leucosticte arctoa 갈색양진이 Asian Rosy Finch

Pinicola enucleator 솔양진이 Pine Grosbeak

Loxia curvirostra 솔잣새 Red Crossbill

Loxia leucoptera 흰죽지솔잣새 White-winged Crossbill

Pyrrhula pyrrhula 멋쟁이새 Eurasian Bullfinch

Eophona migratoria 밀화부리 Chinese Grosbeak

Eophona personata 큰부리밀화부리 Japanese Grosbeak

Coccothraustes coccothraustes 콩새 Hawfinch

Family Ploceidae 참새과

Passer montanus 참새 Eurasian Tree Sparrow

Passer rutilans 섬참새 Russet Sparrow

Passer domesticus 집참새 House Sparrow

Family Estrildidae 납부리새과

Lonchura punctulata 얼룩무늬납부리새 Scaly-breasted Munia

Family Sturnidae 찌르레기과

Spodiopsar cineraceus 찌르레기 White-cheeked Starling

Agropsar philippensis 쇠찌르레기 Chestnut-cheeked Starling

Agropsar sturninus 북방쇠찌르레기 Daurian Starling

Sturnia sinensis 잿빛쇠찌르레기 White-shouldered Starling

Spodiopsar sericeus 붉은부리찌르레기 Red-billed Starling

Pastor roseus 분홍찌르레기 Rosy Starling

Sturnus vulgaris 흰점찌르레기 Common Starling

Family Oriolidae 꾀꼬리과

Oriolus chinensis 꾀꼬리 Black-naped Oriole

Family Dicruridae 바람까마귀과

Dicrurus macrocercus 검은바람까마귀 Black Drongo

Dicrurus hottentottus 바람까마귀 Hair-crested Drongo

Dicrurus leucophaeus 회색바람까마귀 Ashy Drongo

Family Artamidae 숲제비과

Artamus fuscus 회색숲제비 Ashy Woodswallow

Family Corvidae 까마귀과

Garrulus glandarius 어치 Eurasian Jay

Cyanopica cyanus 물까치 Azure-winged Magpie

Pica pica 까치 Eurasian Magpie

Nucifraga caryocatactes 잣까마귀 Spotted Nutcracker

Pyrrhocorax pyrrhocorax 붉은부리까마귀 Red-billed Chough

Coloeus dauuricus 갈까마귀 Daurian Jackdaw

Corvus frugilegus 떼까마귀 Rook

Corvus corone 까마귀 Carrion Crow

Corvus macrorhynchos 큰부리까마귀 Large-billed Crow

Corvus corax 큰까마귀 Northern Raven

Corvus splendens 집까마귀 House Crow

찾아보기